高技能人才培养培训系列教材

数控铣削加工案例详解

主　编　吴光明

副主编　叶朝桢　黄　云

参　编　黄仲庸　吴广峰

机械工业出版社

本书编者凭借多年数控编程的工作经验，采用项目教学理念，由浅入深地列举了11个实际生产中加工过、有代表性的实例，详细讲述了使用Mastercam2017软件的CAM功能和一些在实际生产中常用的数控编程方法与技巧，包括常用命令的使用、数控加工工艺的编制、工序的安排以及各种加工方法的参数设置等，将生产中常用的知识寓于实例中做精细讲解，并对实例的每一步操作目的和参数设置进行了详细的分析，旨在潜移默化地让读者在学习过程中掌握这些实用知识。读者只要按照实例一步步操作，就能掌握数控加工工艺及各种常用编程技巧。通过本书的学习和实践，读者可轻松达到CAM编程的中高级水平。

本书的核心是数控加工编程技术，没有介绍绘图的基本指令和零件的CAD造型过程及CAM的一些基础操作，非常适合对Mastercam2017软件或其他CAM基础知识有一定了解，但对数控加工工艺还不熟悉，正处于摸索、实践，水平还需提高的在校学生或CAM工作者使用，也可作为培训机构、企业数控编程员及学校师生的参考书。

为了方便读者学习，本书配有电子资源包，包含了书中所有实例的图形文件和刀路文件，选择本书作为教材的教师可登录www.compedu.com网站，注册、免费下载。

图书在版编目（CIP）数据

数控铣削加工案例详解 / 吴光明主编 . —北京：机械工业出版社，2020.8

高技能人才培养培训系列教材
ISBN 978-7-111-66004-0

Ⅰ . ①数…　Ⅱ . ①吴…　Ⅲ . ①数控机床 – 铣削 – 教材
Ⅳ . ① TG547

中国版本图书馆 CIP 数据核字（2020）第 119070 号

机械工业出版社（北京市百万庄大街 22 号　邮政编码 100037）
策划编辑：汪光灿　责任编辑：汪光灿　黎　艳
责任校对：王　延　封面设计：张　静
责任印制：常天培
北京捷迅佳彩印刷有限公司印刷
2020 年 8 月第 1 版第 1 次印刷
184mm×260mm ·15.5 印张 · 385 千字
0 001—1 500 册
标准书号：ISBN 978-7-111-66004-0
定价：44.00 元

电话服务　　　　　　　　网络服务
客服电话：010-88361066　机 工 官 网：www.cmpbook.com
　　　　　010-88379833　机 工 官 博：weibo.com/cmp1952
　　　　　010-68326294　金 书 网：www.golden-book.com
封底无防伪标均为盗版　机工教育服务网：www.cmpedu.com

前　言

　　制造业是衡量一个国家综合实力高低的重要标志，数控加工技术是关系我国制造业发展和综合国力提高的关键技术，数控技术的发展在很大程度上决定着产品的质量、效益和新产品的开发能力。数控加工所表现出来的高精度、高复杂程度、高一致性、高生产率和低消耗，是其他普通机械加工制造方法所不能比拟的。加速培养掌握数控加工编程技术的应用型人才已成为当务之急。

　　Mastercam2017是目前在机械加工行业使用率最高的软件之一，以其独有的特点在数控加工领域享有很高的声誉。它对运行环境要求较低，操作人性化，深受工程技术人员的喜爱。Mastercam2017软件集二维绘图、三维曲面设计、数控编程、刀路模拟及加工真实感模拟等功能于一体，把计算机辅助设计(CAD)和计算机辅助制造（CAM）功能有机地结合在一起，从绘制图形到编制刀路，再通过后处理器转换为机床数控系统能识别的NC程序，并能模拟刀路验证NC程序，然后通过计算机传输到数控铣床、数控车床或加工中心，选用适合的刀具即可完成工件的加工。

　　当今市面上的Mastercam2017相关书籍，大都只对软件的命令进行介绍，好比一本软件"词典"，读者学习完后，常常摸不着重点，不知道哪些命令是常用的命令，对一些命令的组合应用也是毫无头绪。本书编者凭借多年数控编程的工作经验，采用先进的项目教学理念，精选了11个实际生产中加工过、有代表性的实例，详细讲述了使用Mastercam2017软件的CAM功能和一些在实际生产中常用的数控编程方法与技巧，包括常用命令的使用、数控加工工艺的编制、工序的安排以及各种加工方法的参数设置等，将生产中常用的CAD/CAM命令寓于实例中做精细讲解，并对实例的每一步操作目的和参数设置进行详细的分析，旨在潜移默化地让读者在学习过程中掌握这些实用知识。读者只要按照实例，并配合电子资源包一步步操作，就能加深对Mastercam2017软件的理解和认识，熟练运用Mastercam2017软件，掌握数控加工各种常用编程技巧，提高综合编程能力。本书的核心是数控加工技术。鉴于CAM类软件所提供的加工方法具有相似性，读者如使用其他版本软件或其他CAM类软件，本书所讲述的编程思路和技巧也可起到一定的参考作用。

　　本书由东莞市高技能公共实训中心组织编写，吴光明任主编，叶朝桢、黄云任副主编，黄仲庸、吴广峰任参编。其中，叶朝桢编写了第1章～第5章，黄仲庸编写了第6章、第7章，吴光明编写了第8章，黄云编写了第9~第10章，吴广峰编写了第11章、第12章。全书由吴光明统稿。东莞市信息技术学校、东莞理工学校、东莞理工学院城市学院、东莞技师学院、东莞职业技术学院和东莞模具制造相关企业对本书的编写工作给予了大力支持，在此表示衷心的感谢。

　　限于编者的水平，书中难免有错误和不妥之处，恳请广大读者批评指正。

编者

目　录

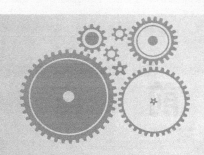

第1章

CAM 概述及加工公用设置

Mastercam 2017 是一套非常完整的 CAD/CAM 系统，是目前机械加工行业使用广泛的一种软件，它可用于数控铣床、数控车床、数控镗床、加工中心、线切割机床等。Mastercam 2017 系统的 Design 设计模块集 2D 和 3D 的线框、曲面和实体造型于一体，具有全特征化造型功能和强大的图形编辑、转换处理能力；Mill 制造模块可以生成和管理多种类型的数控加工操作。

1.1 Mastercam 2017 系统编程的基本步骤

Mastercam 2017 系统编程的目标是更有效地获得各种工件加工要求的高质量的加工程序，以便充分发挥数控机床的性能、获得高的加工质量和加工效率。

Mastercam 2017 系统主要是生成 CNC 控制器可以解读的数控加工程序（NC 码）。NC 码生成的三个步骤：

1）通过计算机辅助设计（CAD）生成数控加工中工件的几何模型。

2）通过计算机辅助制造（CAM）生成一种通用的刀路（刀具路径）数据文件（NCI 文件）。

3）通过后置处理（POST）将 NCI 文件转换为 CNC 控制器可以解读的 NC 码。

1.1.1 数控加工工艺的确定

数控加工工艺是采用数控机床加工工件时所运用的方法和技术手段的总和。在程序编制工作之前，必须确定加工工艺方案。加工工艺的好坏直接影响工件的加工质量和机床的加工效率。

确定数控加工工艺主要包括：

1）选择适合在数控机床上加工的工件。

2）分析图样，明确加工内容及技术要求，制订加工工艺路线。

3）选定工件的定位基准，确定夹具、辅具、切削用量和加工余量等。

4）选取对刀点和换刀点，确定刀具补偿和加工路线。

5）试加工，并处理现场出现的问题。

6）加工工艺文件的定型和归档。

1.1.2 工件几何模型的建立

工件的数控编程首先是建立被加工工件的几何模型，主要操作包括曲线曲面的生成、编辑、裁剪、偏置、旋转、镜像等。在 Mastercam 2017 系统中，工件几何模型的建立主要有以下三种途径：

1）由系统本身的 CAD 造型建立工件的几何模型。

2）通过系统提供的 DXF、IGES、CADL、VDASTL、PARASLD、DWG 等标准图形转换接口，把其他 CAD 软件生成的图形转换为本系统的图形文件，实现图形文件的交换和共享，这是目前最为常用的一种方法。

3）通过系统提供的 ASCⅡ图形转换接口，把经过三坐标测量仪或扫描仪测得的实物数据转换成本系统的图形文件。

1.1.3　刀轨（刀具轨迹）的生成

刀轨的生成是对形状复杂的工件进行数控加工最重要而且研究最为广泛深入的内容，能否生成有效的刀轨直接决定了加工的可能性、质量与效率。生成的刀轨必须无干涉、无碰撞、轨迹光滑、满足切削负荷要求、代码质量高，同时，生成的刀轨还应满足通用性好、稳定性好、编程效率高和代码量小等条件。加工模型建立后，即可利用 CAM 系统提供的多种形式刀轨生成功能进行数控编程，可以根据不同的工艺要求与精度要求，指定加工方式和加工参数，生成刀具的切削路径。

Mastercam 2017 系统可以通过刀路模拟和实体切削校验来验证生成的刀轨的精度及进行干涉检查，用图形方式检验加工代码的正确性。CAM 系统还提供了对已生成刀轨进行编辑的功能，以满足特殊的工艺需要。

1.1.4　后置代码的生成

Mastercam 2017 系统提供了大多数常用数控系统的后处理器。后置处理文件的扩展名为 PST，是一种可以由用户以回答问题的形式自行修改的文件，编程前必须对这个文件进行编辑，才能在执行后处理程序时产生符合某种控制器需要和使用者习惯的 NC 程序。

1.1.5　加工代码的输出

Mastercam 2017 系统可通过计算机的串口或并口与数控机床连接，将生成的数控加工代码由系统自带的 Communications（通信）功能传输到数控机床，也可通过专用的传输软件将数控加工代码传输给数控机床。

1.2　Mastercam 2017 系统的相关性及其应用

Mastercam 2017 系统的相关性是指刀路、刀具参数、刀具材料、加工参数联系工件的几何模型构建一个完整的操作程序。若操作程序的任何部分改变，另一个相关部分可重新生成，而不需要重新构建全部操作程序，即可重新生成 NCI 文件，并将所有的这些资料存储在一个 MCAM 文件中，提供了工件模型及加工参数修改后重新生成 NCI 文件的便利。

Mastercam 2017 系统的刀路功能用于曲面加工、外形铣削、钻孔和挖槽等，下面功能在所有相关的刀路功能中是公用的：刀具管理、操作管理、刀具设置、串连管理、刀具参数和工件毛坯设置。

1.2.1　刀具的选择和定义

1. 刀具结构形式的选择

常用硬质合金刀具有整体式和可转位式两种结构形式。

（1）整体式　铣刀的刀具整体由硬质合金材料制成，价格贵，加工效果好，多用在精加工阶段。此类型刀具通常为平底刀及球头刀。

（2）可转位式　铣刀前端采用可更换的可转位刀片（舍弃式刀粒），刀片用螺钉固定。刀片材料为硬质合金，表面有涂层，刀杆采用其他材料。刀片改变安装角度后可多次使用，刀片损坏不重磨。可转位式铣刀使用寿命长，综合费用低。刀片形状有圆形、三角形、方形、菱形等，圆鼻刀多采用此类型，球头刀也有此类型。

2. 刀具形状选择

（1）平底刀　粗加工和精加工都可使用平底刀，主要用于粗加工、平面精加工、外形精加工和清角加工。

（2）圆鼻刀　圆鼻刀主要用于粗加工和半精加工及平面精加工，适合于加工硬度较高的材料。常用圆鼻刀圆角半径为 R0.2~R6mm。

（3）球头刀　球头刀主要用于曲面的精加工。

3. 刀具材料选择

常用刀具材料有高速钢、硬质合金。非金属材料刀具使用较少。

（1）高速钢刀具（白钢刀）　高速钢刀具易磨损，价格便宜，常用于加工硬度较低的工件，如铜材和铝材零件。

（2）硬质合金刀具（钨钢刀、合金刀）　硬质合金刀具耐高温，硬度高，加工效率和质量比高速钢刀具好，主要用于加工硬度较高的工件。但硬质合金刀具需要较高转速加工，否则容易崩刀。

4. 刀具的定义

选择任何一种加工方法的命令之后，在弹出的对话框中单击"刀具参数"选项卡，选择"刀路"→"2D 外形"命令，然后选择所要加工的外形后出现"2D 刀路 - 外形铣削"对话框，进入图 1-1 所示的界面，在刀具空白栏内单击鼠标右键，在弹出的菜单中选择"创建新刀具"选项，进入图 1-2~图 1-4 所示的定义刀具对话框。

若要改变刀具类型，可单击"选择刀具类型"选项，选择刀具类型后，系统自动打开该类型刀具参数的选项卡，如图 1-2 所示。

单击"定义刀具图形"选项，可对刀具的参数进行设置，如图 1-3 所示，不同类型的刀具选项卡的内容有所不同，但主要参数都是一样的。

在"完成属性"选项中，显示刀具其他参数的设置，如设置使用该刀具在加工时的进给量、冷却方式等，如图 1-4 所示。

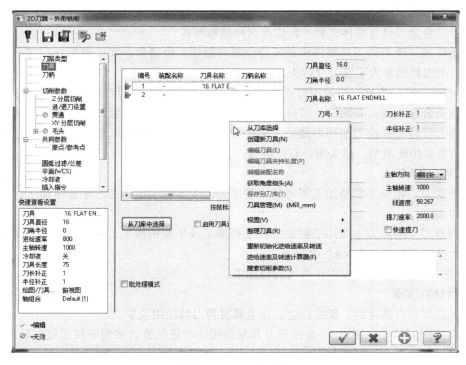

图 1-1　刀具选项卡

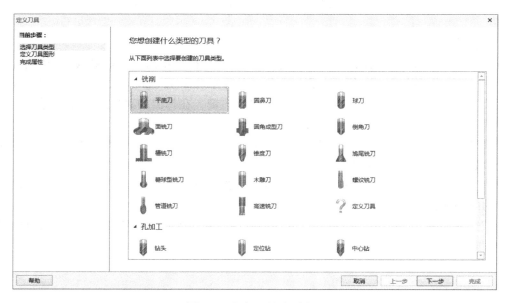

图 1-2　定义刀具选项卡 1

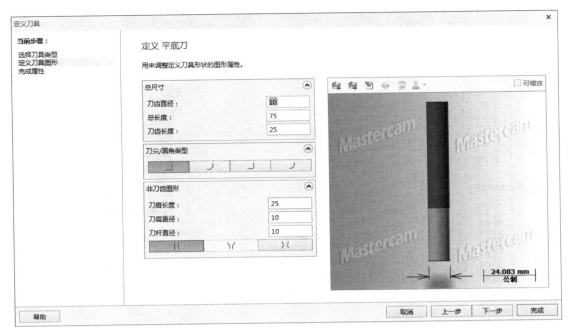

图 1-3　定义刀具选项卡 2

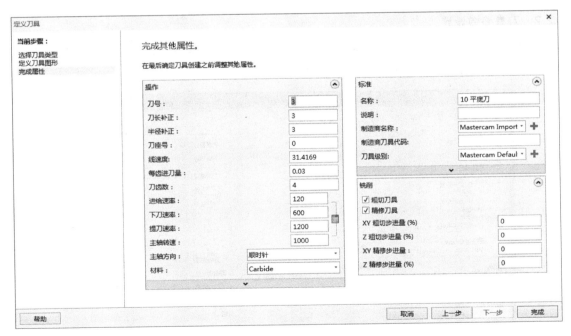

图 1-4　定义刀具选项卡 3

5. 刀柄的定义

在"刀柄"选项卡中，可选择或新建刀柄并保存数据，如图 1-5 所示。

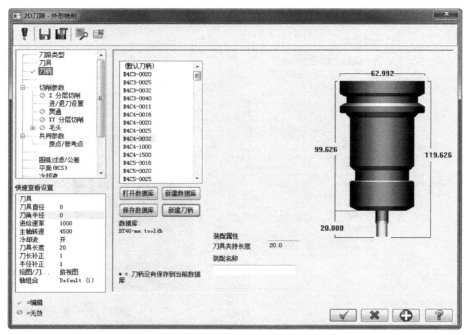

图 1-5　刀柄的选择

1.2.2　刀具参数设置

在指定加工区域后，必须定义加工所用刀具的参数，这些参数中的许多项直接影响后置处理程序中的 NC 码，刀具参数的设置如图 1-6 所示。

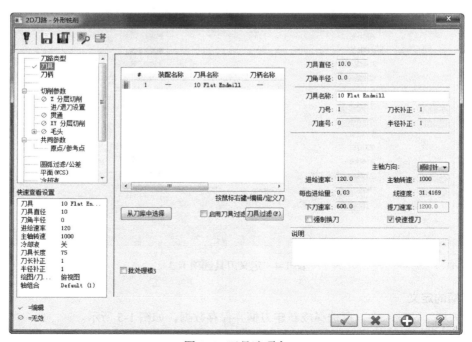

图 1-6　刀具选项卡

1.2.3　操作管理

刀路操作管理器（图 1-7）中列出了工件的所有加工操作，包括相关性和非相关性的刀路，可进行分类、编辑、重新生成和后处理等操作，可选择刀路，建立新刀路，单击右键可得到更多信息。该区域显示现在工件中的操作顺序，包括参数、刀具定义、图形和 NCI 文件。

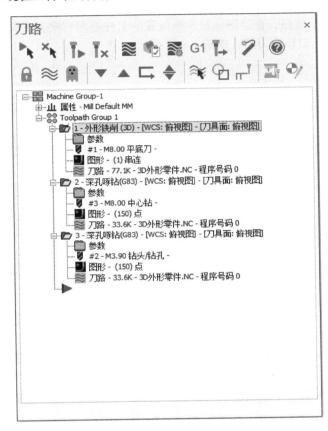

图 1-7　刀路操作管理器

1. 刀路操作管理器各按钮含义

选择全部操作	选择全部失效操作	重建全部已选择操作
重建全部已失效操作	模拟已选择的操作	验证已选择的操作
模拟 / 验证选项	锁定已选择的后处理	
省时高效加工	删除所有操作群组和刀具	
帮助	切换锁定操作	
切换显示已选择的刀路操作	切换显示已选择的后处理操作	
移动插入箭头到下一操作	移动插入箭头到上一操作	
插入箭头位于指定操作或群组之后	滚动箭头插入指定操作	
仅显示已选择的刀路	仅显示关联图形	
隐藏快速提刀移动	在机床上装载刀具	
编辑参考位置		

2. ▓模拟图形与▓检验刀路

从刀路操作管理器中选择要模拟的刀路,单击▓按钮,显示重绘刀路菜单,在菜单中选取重绘刀路,用刀具去切削工件,该刀路在图形视角中显示;在生成刀路后,可以重新设定刀路的显示模式并进行显示。

在正式加工之前,可用已编制好的刀路进行实体切削仿真验证。在刀路操作管理器中选择要验证的刀路,单击▓按钮,在绘图区显示出设置的工件外形和检验工具栏,这时可以对选取的操作进行加工模拟,以检验刀路,如图 1-8 所示。

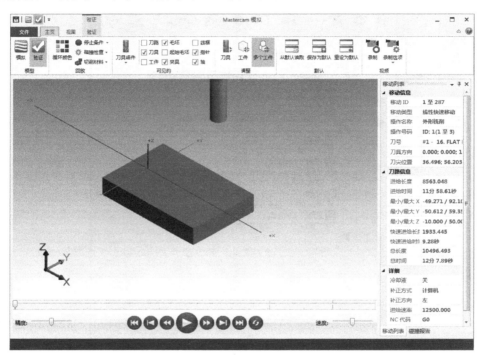

图 1-8　检验刀路参数设置

3. G1 后处理

在刀路操作管理器中单击 G1 按钮,弹出"后处理程序"对话框,设置后处理中的有关参数,系统默认后处理器为 MPFAN.PST(FANUC 控制器),若需要使用其他的后处理器,可单击"选择后处理"按钮,在弹出的对话框中选取对应的后处理器。通过设置 NCI 文件栏和 NC 文件栏中的参数可对生成的 NCI 文件和 NC 文件进行设置,如图 1-9 所示。

1.2.4　工件设置

工件设置是设置工件参数,包括设置工件的大小、原点和材料等,从刀路操作管理器中选择"机床属性 / 毛坯设置",选择"毛坯参数设置"选项卡,如图 1-10 所示,可进行工件毛坯的设置。

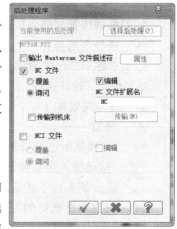

图 1-9　后处理程序对话框

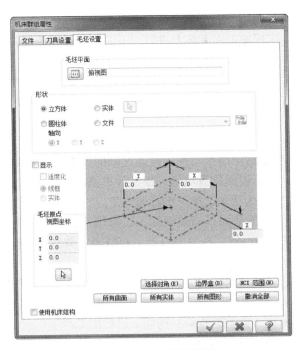

图 1-10　毛坯参数设置

1. 定义工件尺寸

工件定义为立方体，定义工件尺寸有以下方法：

1）在对话框的 X、Y 和 Z 输入框中输入工件的尺寸。

2）单击"选择对角"按钮，在绘图区选取工件的两个角点。

3）单击"边界盒"按钮，在绘图区选取几何对象后，根据选取对象的外形来定义工件的大小。

4）单击"NCI 范围"按钮，根据 NCI 文件中的刀具移动范围，计算工件的大小。

2. 设置毛坯原点

在 Mastercam 2017 系统中，将工件的原点定义在工件的 10 个特殊位置，包括 8 个角点及两个上、下面中心点。系统将用一个小箭头指示所选工件上的位置。将光标移到特殊点位置上，单击该点即可设置为工件原点。

工件原点坐标可以直接在"视图坐标"输入框中输入，也可单击 按钮返回绘图区选取工件的原点。

1.3　刀路的选择

刀路及参数的选择直接影响加工效率和加工质量。Mastercam 2017 系统提供了多种铣削加工刀路，下面介绍常用刀路的特点。

1. 2D曲线加工

（1）外形加工　刀具沿所选曲线移动，用于外形粗加工、精加工，操作简单、实用，通常采用平底刀、圆鼻刀、斜度刀。外形铣削加工可在工件材料外部进刀，下刀点避开曲线拐角处。如选择 3D 曲线，则自动转为三维曲线外形铣削。

（2）挖槽加工 选择封闭曲线确定加工范围，常用于对凹槽特征的粗加工，限制加工深度时可用于对平面精加工。挖槽加工在毛坯上进刀，下刀时选用螺旋或斜向下刀。其走刀方式最常用的是来回走刀。

（3）面加工 用于对平面的粗、精加工，用挖槽加工也可达到相同目的。

（4）钻孔加工 有钻孔、攻螺纹、镗孔等多种加工方式，以点来确定孔加工的位置。

2.3D曲面加工

（1）曲面粗切

1）曲面挖槽加工：分层清除曲面与加工范围之间的所有材料，加工完毕的工件表面呈梯田状。刀路计算时间短，刀具切削负荷均匀，加工效率高。其走刀方式最常用的是来回走刀。同其他粗加工效率相比，常作为粗加工第一步首选方案。

2）区域粗切加工：刀具沿曲面等高曲线加工，常用平底刀加工，完毕后工件表面刀路呈梯田状。曲面平坦时效果反而不佳。在曲面粗加工和精加工类型中都有此选项，对话框设置及加工效果相同。

3）平行加工：分层平行切削加工，加工完毕的工件表面刀路呈平行条纹状。刀路计算时间长，提刀次数多，粗加工时加工效率不高，常用于环绕对称状零件的精加工。

4）投影加工：将已有的刀路数据投影到曲面上进行加工。

5）多曲面加工：刀具依据构成曲面的横向或纵向结构线方向进行加工。

6）插入式加工：类似于钻孔方式的加工方法。

（2）曲面精加工

1）平行加工：对话框选项与粗加工类型相似，无深度方向的分层控制。对坡度小的曲面加工效果较好，遇有陡斜面时需控制加工角度。它是精加工阶段的首选刀路，粗加工时也可以使用。

2）等高外形加工：与粗加工的类型相同，粗加工阶段常作为第二步刀路，以小直径刀具去除残料；精加工阶段常用于侧壁外形曲面光刀及清角。

3）放射加工：刀具以指定点为径向中心放射状移动加工。

4）投影加工：将已有的刀路数据投影到曲面上进行加工。

5）曲面流线加工：刀具依据构成曲面的横向或纵向结构线方向进行加工。

6）平行陡斜面加工：作为平行加工陡斜面效果不佳时的补充方案。可对平行加工进行角度控制，同时配合其他刀路解决此类问题。

7）浅平面加工：作为等高外形加工小坡度曲面效果不佳时的补充方案。

8）清角加工：对曲面相交位置进行加工以清除残料。

9）残料清除加工：对粗加工时的刀路进行计算，用小直径刀具清除粗加工时留下的残料，计算时间长。

10）环绕等距加工：产生的刀路以等距离环绕加工曲面，刀路较均匀，计算时间长，曲面复杂时注意加工的走刀方向，防止出现刀具与未加工区域间的干涉。

第 1 篇

凸台类零件的加工

第2章

平面凸轮的加工

2.1 零件结构分析

平面凸轮 3D 实体图如图 2-1 所示，材料为 45 钢。具体尺寸见网上电子资源包。工件在数控加工前，前面的工序已经加工好底面并镗好中间的两个基准孔作为此工序的定位并装夹用。此工序为加工凸轮的外形和平面，并倒角。

图 2-1 平面凸轮 3D 实体图

2.2 刀路规划

1）用平底刀对凸轮的外形用 2D 外形刀路进行粗、精加工。根据图形尺寸选择 φ16mm 四刃平底刀，一把刀同时完成外形粗、精加工。加工余量为 0.0mm。

2）用平底刀对凸轮的上表面用面加工刀路进行粗、精加工。选择和上一步骤相同的 φ16mm 四刃平底刀，加工余量为 0.0mm。

3）用倒角刀对凸轮的轮廓线用外形倒角刀路进行倒角加工。选择 φ20mm×45° 倒角刀，倒角尺寸 C1。

2.3 图形准备

此零件结构较为简单，选择实体或 2D 外形功能都可以进行编程加工。简单起见，此处运用 2D 外形进行编程。绘图时，进行分层管理，分为 3 个层：第 1 层（Centerline）绘制图形的中心线，第 2 层绘制平面凸轮的外形，第 3 层（Solid）绘制零件 3D 实体。编程时将坐标原点放在大基准孔的圆心，Z 方向原点放在凸轮的底面，编程时要对深度设置的概念有清晰的了解。

2.4 刀路参数设置

2.4.1 凸轮外形铣削加工

凸轮外形加工时，刀具沿所选的曲线移动，外形加工刀路常用于外形的粗加工和精加工，

图 2-2 凸轮外形图

操作简单实用。

1）当凸轮外形绘制好后，进行外形 Contour 的铣削加工，单击"刀具参数"选项卡中的"刀路"→"外形"，产生外形铣削刀路。

单击"串连"按钮，选择图 2-2 所示的凸轮外形。这里需要讲述一下串连功能（Chain）。

串连功能用来定义轮廓外形及其串连方向，串连方向就是确定进给方向。串连方向是由选取图形元素时的位置来控制的，通常使用鼠标来选取图形元素。外形铣削加工时要注意：串连定义时选择的第一个图形元素，零件的加工起点和方向都是由它决定的。外形加工串连外形边界由一个或一个以上的边界构成。串连操作是 Mastercam 中经常使用的操作，它是系统用来定义轮廓外形以及刀具进给方向的，串连在曲面的构建和编制刀路时使用得特别多。利用串连功能操作时注意以下几个问题：

① 分歧点是 3 个或 3 以上的图形元素共有的一个相同的端点。当串连到分歧点时，一般系统不知道应该继续向哪个方向串连时，只要用鼠标单击应该串连的图形元素即可。

② 对于一个初学者来说，最容易犯的错误就是一个图形元素重复绘制两次以上。在串连时可能出现串连到某一个位置上停止，甚至出现与串连方向相反的箭头，而使串连无法进行的情况，这时应该考虑可能出现了重复的图形元素。重复图形分为完全重复和部分重复，如果部分重复不出重复位置，最好删除重画，当出现完全重复时，应该使用主菜单中的删除重复图形元素功能，单击主菜单中的 $\times$ 选项；如果是部分重复，可以使用删除菜单中的 非关联图形 选项将重叠的一小段去掉；如果是完全重复，则单击 $\times$ 重复图形 选项，可根据重复图形元素类型，单击菜单中的相应内容。

2）按照顺时针方向铣削原则，注意串连的方向和起点，方向和起点如图 2-2 所示，单击 （Done）按钮后进入"2D 刀路 - 外形铣削"对话框，刀路类型选择"外形铣削"，如图 2-3 所示，在刀具空白栏内单击鼠标右键，在弹出的菜单中选择"从刀库选择"选项，刀具参数、规格及切削参数设置如图 2-4 和图 2-5 所示，然后单击 OK 按钮。

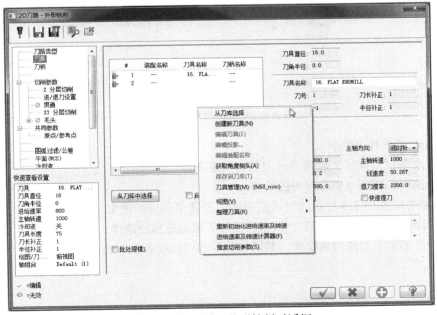

图 2-3　2D 刀路 - 外形铣削对话框

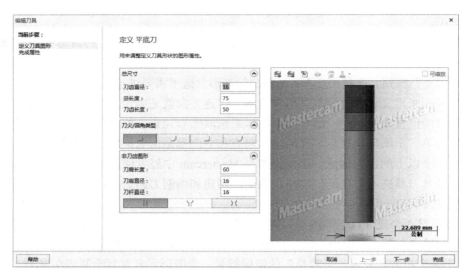

图 2-4　刀具规格选项卡

图 2-5　刀具切削参数选项卡

Mastercam 有两种进给率：

- 下刀速率：只控制 Z 轴垂直进刀的切削速度。
- 进给速率：控制 XY 方向的进给率。

它们分别对应在图 2-3 所示的对话框中的下刀速率和进给速率。切削进给速率要根据工件的材质、刀具的性能、加工的要求、机床的性能等做出适当的选择。

3）单击外形加工刀路对话框中"共同参数"和"切削参数"选项，设置参数，如图 2-6 和图 2-7 所示。

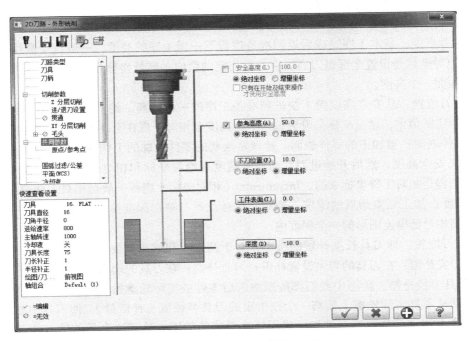

图 2-6　外形加工共同参数选项卡

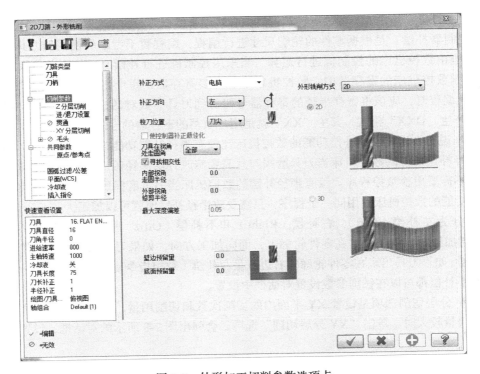

图 2-7　外形加工切削参数选项卡

① 各主要参数意义如下：

· 安全高度：刀具快速下移到一个不会碰到工件和卡具的合理高度。在开始进刀前，刀具快速下移到安全高度才开始进刀，加工完成后退回至安全高度。

· 参考高度：是本工序完成后返回准备进行下一道工序的高度，一般这个高度比安全高度要低。绝对坐标是设置全部退刀高度在参数指定的值内，增量坐标是设置每个退刀至相对于现在毛坯顶面一个高度。

· 下刀位置：从安全高度向下快进到准备工序的一段距离。绝对坐标是设置全部进给高度在参数指定的值内，增量坐标是设置每个进给高度至相对于现在毛坯顶面一个高度。

· 工件表面：被加工的零件表面。建议将绘制的零件轮廓的工作深度定义在这个表面上，因为先定义安全高度，然后开始进刀，而参考高度有绝对坐标和相对坐标编程，Absolute（绝对坐标）编程是相对工件坐标系的，Incremental（相对坐标）编程一般是相对工件表面的。

· 深度：加工结束最后的深度。绝对坐标是设置刀路在深度参数指定的值内，增量坐标是设置刀路相对已串连图形的一个深度内。

· 校刀位置：即刀具长度补偿的参考，对于圆头刀和球头刀要设置补正刀路。一般来讲有两种，刀尖补偿：在刀具的刀尖设置补正；刀心补偿：在刀具的端头中心设置补正。

② 刀具半径补偿。绘图中我们都按照加工后零件的实际轮廓绘制的，加工时必须保证刀具中心自动从零件实际轮廓上偏离一个按指定的刀具半径值（补偿量），使刀具中心在这个补偿后的轨迹上运动，从而把工件加工成图样上要求的轮廓，达到这个目的的方法就是刀具半径补偿。

Mastercam 达到这个目的有两种方法：

· 电脑补偿：是由 Mastercam 计算刀具中心轨迹，根据刀具的中心轨迹进行编程。

· 控制器补偿：是根据零件的轮廓尺寸进行编程，编程暂不考虑所使用的刀具尺寸，刀具中心轨迹由数控机床的控制机进行运算。当采用控制机进行补偿时，加工前需要将刀具半径值输入到数控机床的寄存器中，数控机床中有许多寄存器，每个寄存器都有一个号码，用 Mastercam 编程时，应该将寄存半径的寄存器号码写到刀具参数对话框的 Dia 栏中，以利于后置处理时产生 "DXX" 格式，其中 "XX" 就是用户填写的寄存器的号码。

一般来说，有刀具半径补偿功能的数控机床比没有半径补偿功能的数控床要好。其主要原因是有半径补偿功能的数控机床当刀具磨损时只需要修改补偿半径值，从半径值中减少一个磨损量，而不需要更换数控程序；没有半径补偿的数控机床当刀具磨损后需要更换数控程序；有半径补偿功能的数控机床使用同一个程序，只需要改半径补偿值就可以加工。

补偿分为左补偿（Left）、右补偿（Right）和不补偿（Off）。所谓左补偿（数控指令是 G41）是指加工时，假定人站在零件轮廓上，面向加工方向，如果刀具出现在零件轮廓的左边就是左补偿；如果刀具出现在零件轮廓的右边就是右补偿（数控指令是 G42）。刀具中心左补偿、右补偿及不补偿都可以在铣削参数设置对话框中设置。

4）XY 分层切削选项是设置 XY 平面内的切削次数和切削用量，根据加工余量而定。如果零件材料余量较大时，单击 "XY 分层切削" 选项，会弹出图 2-8 所示的对话框，设置如下：

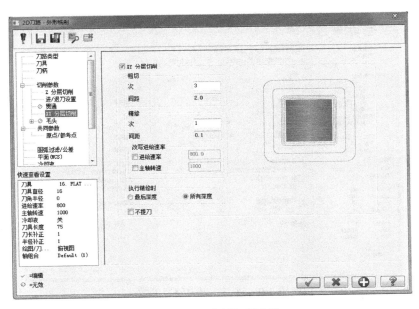

图 2-8 XY 分层切削参数

- 粗切：确定刀具的粗加工次数和尺寸。

次：刀具的粗加工次数。

间距：粗加工步进值，即粗加工次数间的间距，粗加工余量＝粗加工次数 × 粗加工的间距。

- 精修：确定刀具的精加工次数和尺寸。

次：刀具的精加工次数。

间距：精加工步进值，即精加工次数间的间距，精加工余量＝精加工次数 × 精加工的间距。

执行精修时

最后深度：刀具执行最后外形加工的深度。

所有深度：刀具执行所有粗加工后留给精加工的余量。

不提刀：保持刀具在下面，命令刀具是否在多次切削间退回刀具。

5）单击"进 / 退刀设置"选项，设定刀具进刀、退刀的路径，如图 2-9 所示。

- 进刀：增加一条线和一个圆弧在所有粗加工和精加工的起始处。

垂直 / 相切：进刀线垂直或正切于切削方向。

长度：进刀线的长度。

斜插高度：斜面的高度，增加一个深度至进刀线。

半径：进刀圆弧半径。

扫描角度：圆弧扫描角度。

螺旋高度：螺旋线高度，当变成圆弧进入一条螺旋线时，增加一个深度至进刀弧。

指定进刀点：使用进刀点，对任何进刀线设置起点。

只在第一层深度加上进刀向量：只在第一切削深度进刀。

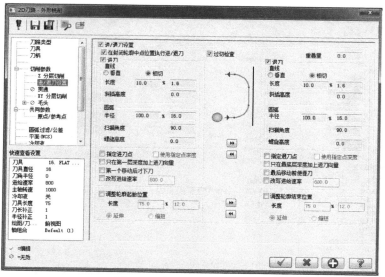

图 2-9　进刀、退刀路径参数

- 退刀：增加一条线和一个圆弧在所有粗加工和精加工的结束处。

垂直 / 相切：退刀线垂直或正切于切削方向。

长度：退刀线的长度。

斜插高度：斜面的高度，增加一个深度至退刀线。

半径：退刀圆弧半径。

扫描角度：圆弧扫描角度。

螺旋高度：螺旋线高度，当变成圆弧进入一条螺旋线时，增加一个深度至退刀弧。

指定退刀点：使用退刀点，对任何退刀线设置起点。

6）单击"Z 分层切削"选项，设定每次粗加工的切削深度。该参数设置 Z 方向的切削次数和每次的切削深度，如图 2-10 所示。

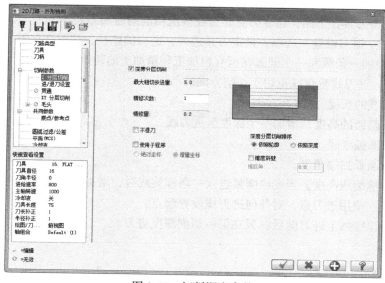

图 2-10　切削深度参数

7）单击"圆弧过滤公差"选项，确定过滤的参数，如图 2-11 所示。

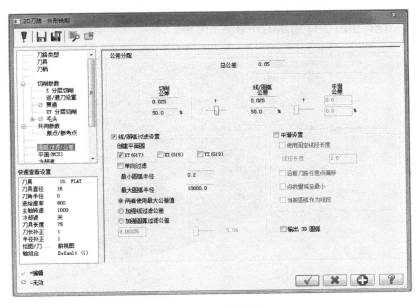

图 2-11　过滤参数

　　程序过滤功能可以优化 NC 程序，它可以将同一直线方向上的两条直线合并成一条直线，以减少 NC 程序，对圆弧也可以做同样的处理。在去除刀路中的共线点时用圆弧代替直线。若关闭此项，则只用直线调整刀路，如果实际的圆弧大于过滤对话框中的最大圆弧半径，或者小于对话框中指定的最小圆弧半径时，系统将它处理为首尾相连的直线，这样处理过的程序执行速度快。该选项可以将同端点同轴直线的刀路变成了一条数控指令，通过减少了数控指令来减少数控加工的时间。

　　8）模拟刀路：按 <Alt+O> 组合键，打开刀路操作管理器，如图 2-12 所示。

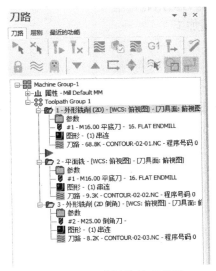

图 2-12　刀路操作管理菜单

单击 刀路 图标按钮出现模拟刀路，每单击一次 ，计算机就执行一条数控指令，可以看到刀具向前进一步。要模拟整个加工过程，单击 就可以达到目的。然后单击对话框中的"确定"按钮，系统产生图 2-13 所示的外形加工刀路。

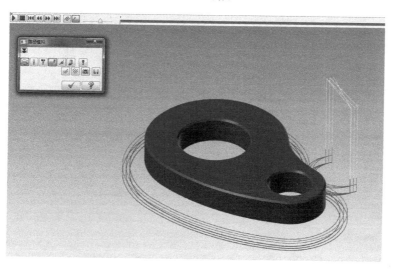

图 2-13　外形加工刀路

9）按 <Alt+O> 组合键，打开刀路操作管理器，单击"机床群属性"按钮，选择"毛坯设置"选项卡，参数设置如图 2-14 所示。

10）在当前刀路图表上选择刀路后单击 图标，使图标变成灰色，即关闭当前的刀路显示。然后关闭刀路操作管理对话框，按 <Ctrl+S> 键保存凸轮文件。

2.4.2　粗、精加工

继续选择 ϕ16mm 四刃平底刀对凸轮的上表面用面加工工刀路进行粗、精加工

1）单击选项卡中的"刀路"→"平面铣"，产生面铣削刀路，单击"串连" 按钮选择图 2-2 的外形串连，无须拘泥于图形 Z 方向的尺寸，靠 Z 方向坐标来控制面加工的深度有时会很便利。单击 按钮，刀具及刀具参数的设置同上一步工序。

2）设置面铣削参数如图 2-15 所示，铣削类型采用双向走刀。切削步进量此处取刀具直径的 75%，即 12.0mm。

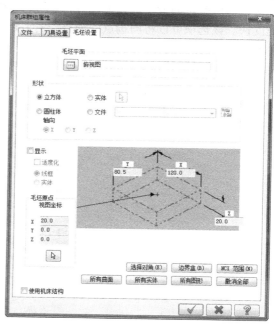

图 2-14　毛坯参数设置对话框

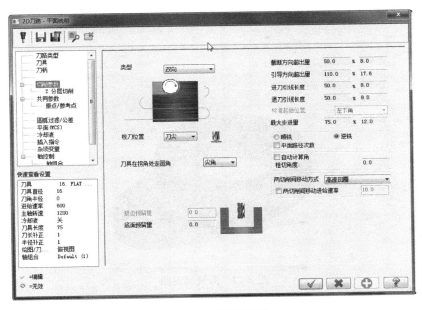

图 2-15　面铣削参数

3）单击"Z 分层切削"选项，如图 2-16 所示设置深度分层切削参数。因为毛坯留有 2mm 的加工余量，所以分粗、精加工，加工量分别为 2.0mm 和 0.2mm。

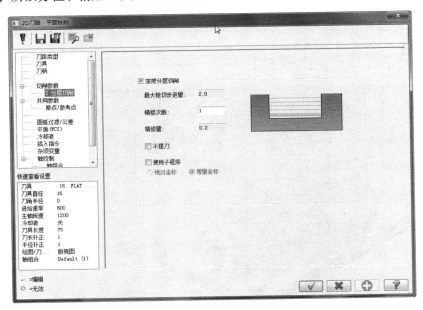

图 2-16　深度分层切削参数

4）按 <Alt+O> 组合键，系统弹出刀具操作管理菜单，单击"刀路 2-Facing" 刀路 图标按钮出现模拟刀路，检查刀具铣削路径有无问题。刀路如图 2-17 所示。

注：选择 φ20mm×45° 倒角刀对凸轮的轮廓线用外形倒角刀路进行倒角加工，工艺参数这里就不详细讨论，加工时选择凸轮的外形完成串连，着重要注意加工深度、对刀深度及倒角

刀的几何特征之间的关系。具体数据见网上电子资源包。

图 2-17　面铣削刀路

5）模拟工件实体加工。在刀路操作管理器中选择"模拟刀路"命令，然后单击 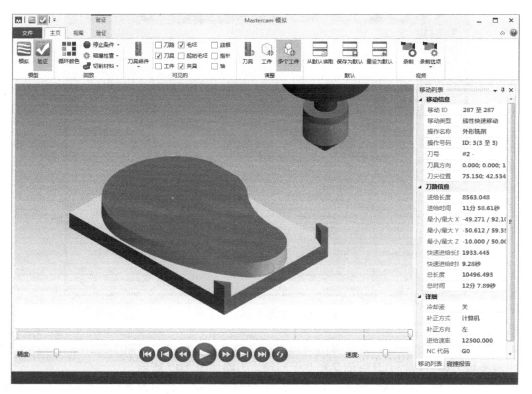 图标，如图 2-18 所示，操作管理器对话框中显示了对被加工零件的所有粗、精加工操作，可以产生、排序、编辑、重新计算新的加工路径，并进行加工模拟、真实感模拟、后置路径和高速进给处理等。图 2-18 显示了工件的实体模拟加工效果图。

图 2-18　实体模拟加工效果图

6）后处理，产生 CNC 加工程序。模拟完成后，各方面都比较满意时，系统同时产生了 NCI 文件，NCI 文件实际上记录了刀轨的数据和辅助加工的一些数据。要得到具体的数控程序，需要进行后置处理。后置处理就是将零件的 NCI 文件翻译成具体的数控程序。在刀路操作管理菜单中（图 2-12）右击"程式"命令，选择"编辑已经选择的操作 / 更改 NC 文件名字"，将三个程式分别命名为 Contour-02-01、Contour-02-02、Contour-02-03，选择 Select All/ Post 出现"后处理程序"对话框，如图 2-19 所示，单击"选择后处理"按钮，选择所需的后置处理器，单击 ✔ 完成，然后将所计算的三个程式输送至加工中心即可加工。

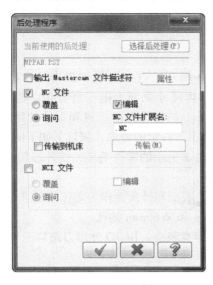

图 2-19　后处理程序界面

7）在当前刀路图表上选择刀路后单击 ≈ 图标，使图标变成灰色，即关闭当前的刀路显示。按 <Esc> 键关闭刀路操作管理器对话框。最后按 <Ctrl+S> 键保存凸轮文件。

第3章

偏心法兰的加工

3.1 零件结构分析

偏心法兰的实体图如图 3-1 所示，这是金属加工中经常碰到的零件，材料为 45 钢，三维尺寸为 φ150mm×40mm，具体尺寸见网上电子资源包。但它和普通法兰不同的是，中间 φ75mm、φ60mm 及背面 φ73mm 的轴承孔的位置和零件的回转中心有 2.5mm 的偏心，且零件的数量只要求 2 件，给加工提出了一定的要求，制订了如下的加工工艺：

1）在普通车床上加工出图 3-2 所示的零件毛坯，使外形尺寸达到要求，中间镗出 φ50mm 的同心孔作为后面镗孔的基准孔。

2）工件如图 3-1 所示放置，底面和外圆面作为定位的基准面，用压板装夹。在数控铣床上用 2D 外形刀路加工中间 φ75mm 和 φ60mm 的孔。

3）将工件反过来用自定心卡盘装夹，用 2D 外形刀路加工 R36.5mm 的中间孔及法兰上的 3 个环行槽。

图 3-1 偏心法兰的实体图

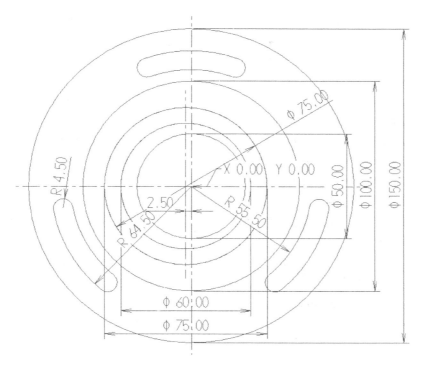

图 3-2　偏心法兰的 2D 工程图

3.2　刀路规划

1）因为毛坯中心预先加工出了 φ50mm 的孔，如图 3-3 所示，故这里选取 φ25mm 镶 R5mm 合金刀粒圆鼻刀（此种刀粒价格便宜，经济实用），用 2D 外形刀路粗加工 φ75mm 部位。XY 方向的加工余量为 0.3mm，Z 方向的加工余量为 0.1mm。

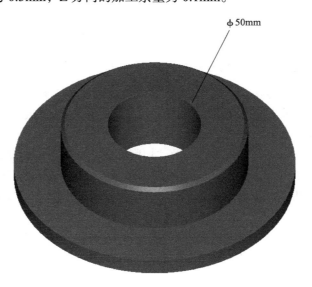

φ50mm

图 3-3　毛坯图

2）继续选取 φ25mm 镶 R5mm 合金刀粒圆鼻刀，用 2D 外形刀路粗加工 φ60mm 部位，XY 方向的加工余量为 0.3mm，Z 方向的加工余量为 0.1mm；继续选取 φ25mm 镶 R5mm 合金刀粒圆鼻刀，用 2D 外形刀路精加工 φ60mm 部位，XY 方向的加工余量为 0.0mm，Z 方向的加工余量为 0.0mm。

3）选取 φ16mm 镶方合金刀粒圆鼻刀，用外形刀路对 φ75mm 部位进行半精加工，XY 方向的加工余量为 0.1mm，Z 方向的加工余量为 0.05mm。

4）选取 φ16mm 四刃平底刀，用外形刀路对 R37.5mm 部位进行精加工，XY 方向的加工余量为 0.0mm，Z 方向的加工余量为 0.0mm。

5）将零件反过来装夹，加工中间孔及法兰上的 3 个环行槽。

6）因为毛坯中心也预先加工出了 φ50mm 的孔，故这里选取 φ16mm 镶方合金刀粒圆鼻刀，用 2D 外形刀路加工 φ73mm 部位，XY 方向的加工余量为 0.1mm，Z 方向的加工余量为 0.0mm（此部位无须精加工）。

7）因为 3 个环行槽的宽度为 9mm，若采用 3D 挖槽刀路，很难使用螺旋下刀方式。这里选取 φ6mm 四刃平底合金刀，采用斜坡铣削刀路对 3 个环行槽进行粗加工，XY 方向的加工余量为 0.2mm，Z 方向的加工余量为 0.0mm。

8）选取 φ6mm 四刃平底合金刀，用外形刀路对 3 个环行槽进行精加工，XYZ 方向加工余量都为 0.0mm。

3.3 图形准备

此零件结构较为简单，为直观起见，绘制 3D 实体图并进行分层管理，分为 3 个层：第 1 层 Curve 绘制了构图及编程所需的曲线，第 2 层 Solid 绘制了零件 3D 实体，第 3 层 Dim 标注了零件工程图的尺寸。此处运用 2D 外形功能进行编程，将坐标原点放在工件的中心处，Z 方向原点放在工件的最底面。编程时要对零件各部位孔的深度及外形刀路的深度设置的概念有清晰的认识。

3.4 刀路参数设置

3.4.1 选取 φ25mm 镶 R5mm 合金刀粒圆鼻刀，用 2D 外形刀路进行粗加工

1）单击选项卡中的"刀路"→"2D 外形"，产生外形铣削刀路。

2）单击 按钮选取图 3-1 中的 Chain1，单击 按钮，进入图 3-4 所示对话框，选取合适的刀具及刀具参数。

3）单击外形铣削刀路中"共同参数"及"切削参数"选项，参数设置如图 3-5 与图 3-6 所示。XY 方向的加工余量为 0.3mm，Z 方向的加工余量 0.1mm，这里要注意的是："工件表面"栏设置为 40.0mm，"深度"栏设置为 24.0mm，所选的 Chain1 设置在高度 Z24。

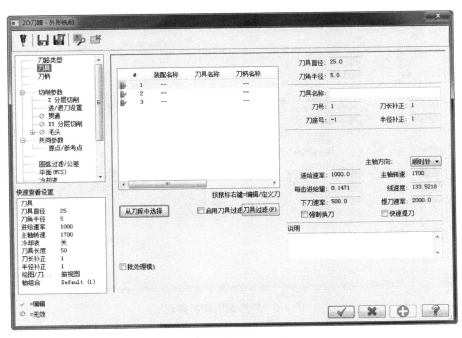

图 3-4　外形加工刀具参数

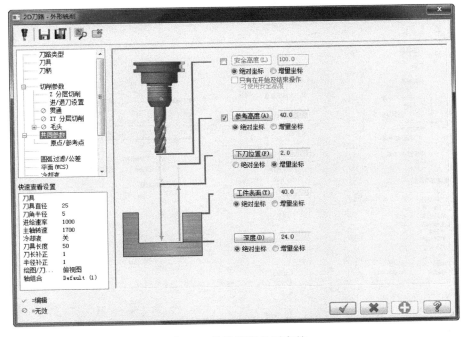

图 3-5　外形铣削共同参数

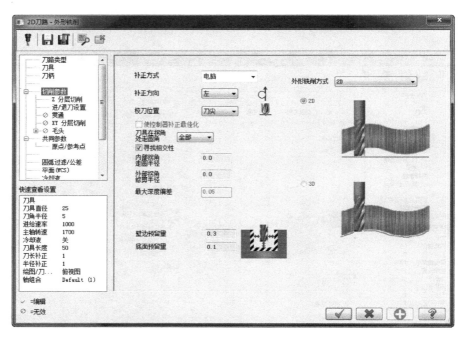

图 3-6 外形铣削切削参数

4）单击"Z 分层切削"选项，进行切削深度的设置，如图 3-7 所示。总加工深度为（40−24）mm=16.0mm，最大粗切步进量为 0.4mm，深度方向不进行精加工。

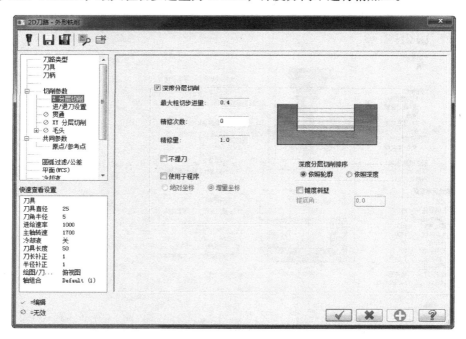

图 3-7 切削深度参数

5）这里不必设置外形多层铣削参数。单击"进／退刀设置"选项，设置刀具进刀、退刀的路径参数，如图 3-8 所示。这里没有选择直线垂直进刀，以避免撞刀。

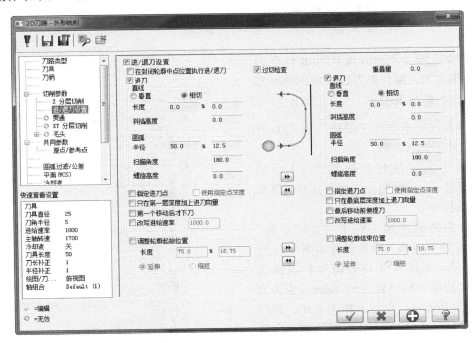

图 3-8 刀具进刀、退刀的路径参数

6）单击对话框中"确定"按钮，系统生成图 3-9 所示的外形铣削刀路。

图 3-9 外形铣削刀路

7）按 <Alt+O> 组合键，系统弹出图 3-10 所示的刀路操作管理对话框。在"刀路 1- 外形铣削（2D）"的 刀路图标上单击，出现路径模拟（Backplot），模拟刀路，检查刀具铣削路径有无问题。

8）选择当前刀路，单击 ≈ 图标，使图标变成灰色，即关闭当前的刀路显示。然后关闭刀路操作管理对话框，按 <Ctrl+S> 键保存偏心法兰文件。

3.4.2 继续选取 φ25mm 镶 R5mm 合金刀粒圆鼻刀，用外形刀路对 φ60mm 部位进行粗加工

1）单击选项卡中的"刀路"→"2D 外形"，产生外形铣削刀路。

2）单击 按钮，选取图 3-1 中的 Chain2，单击 ✔ 按钮，选择刀具及刀具参数同上一步工序。

3）单击外形铣削刀路中"共同参数"及"切削参数"选项，参数设置如图 3-11 与图 3-12 所示。这里"工件表面"栏设置为24.0mm，"深度"栏设置为 −6.0mm（因为刀粒的半径为 R5mm，要加工穿透毛坯，深度设置必须深于 −5mm）。XY 方向的加工余量为 0.3mm，Z 方向的加工余量为 0.1mm。

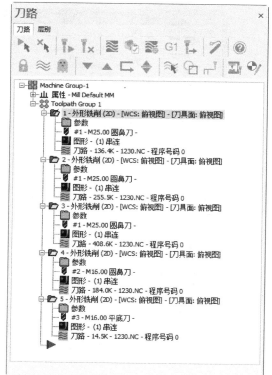

图 3-10　刀路操作管理对话框

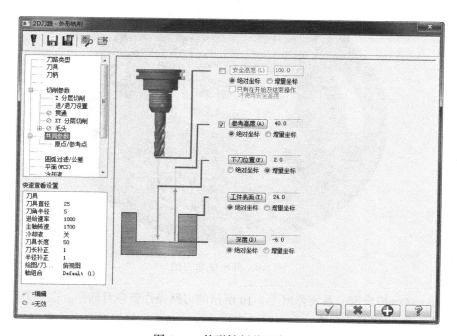

图 3-11　外形铣削共同参数

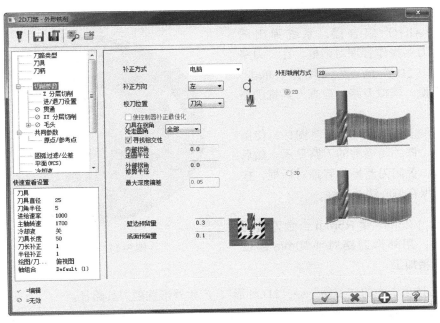

图 3-12　外形铣削切削参数

　　4）单击"Z 分层切削"选项，进行切削深度的设置。总加工深度为（24+6）mm=30.0mm，最大粗切步进量为 0.4mm，深度方向不进行精加工。

　　5）这里也不必设置外形多层铣削参数。单击"进 / 退刀设置"选项，设置刀具进刀、退刀的路径参数，如图 3-13 所示。这里没有选择直线垂直进刀，选取了更小的进刀、退刀相切半径以避免撞刀。

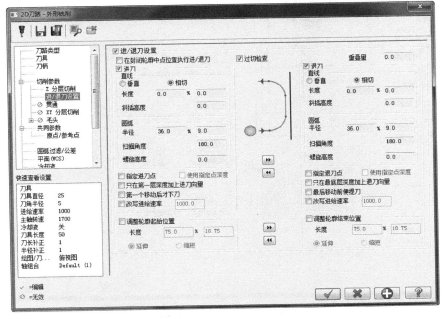

图 3-13　刀具进刀、退刀的路径参数

6）单击对话框中"确定"按钮，系统生成图 3-14 所示的外形铣削刀路。

7）按 <Alt+O> 组合键，系统弹出图 3-10 所示的刀路操作管理对话框。在"刀路 2- 外形铣削（2D）"的 刀路图标上单击，出现路径模拟，模拟刀路，检查刀具铣削路径有无问题。

8）选择当前刀路，单击 ≋ 图标，使图标变成灰色，即关闭当前的刀路显示。然后按 <Esc> 键，关闭刀路操作管理对话框，按 <Ctrl+S> 键保存偏心法兰文件。

3.4.3 选取 Φ25mm 镶 R5mm 合金刀粒圆鼻刀，用外形刀路对 Φ60mm 部位进行精加工

图 3-14　外形铣削刀路

1）单击选项卡中的"刀路"→"2D 外形"，产生外形铣削刀具路径。

2）单击 按钮，选取图 3-1 中的 Chain2，单击 ✔ 按钮，设置刀具及刀具参数同上一步工序。

3）单击外形铣削刀路中"共同参数"及"切削参数"选项，参数设置如图 3-15 与图 3-16 所示，XYZ 方向的加工余量都为 0.0mm，高度设置不变。

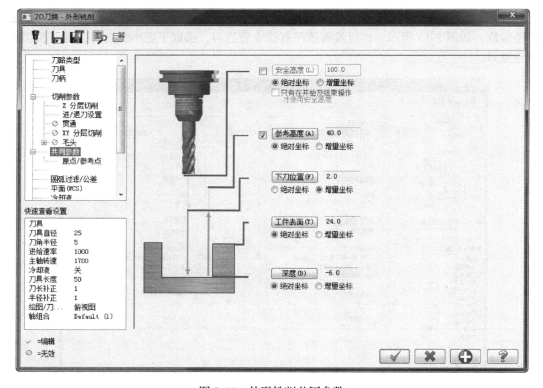

图 3-15　外形铣削共同参数

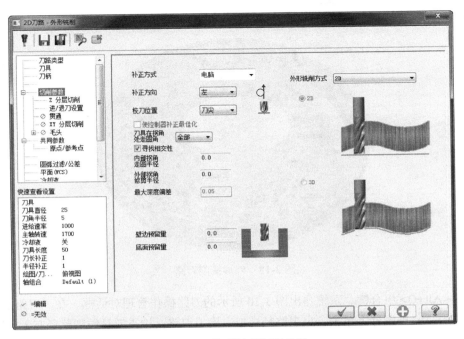

图 3-16 外形铣削切削参数

4）单击 "Z 分层切削" 选项，进行切削深度的设置，如图 3-17 所示。精加工中每刀步进量为 0.25mm。

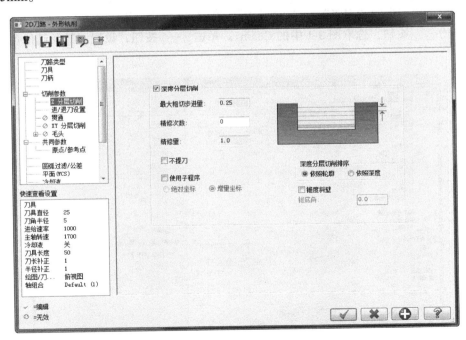

图 3-17 切削深度参数

5）这里不必设置外形多层铣削参数。刀具进刀、退刀的路径参数设置同上一工序。单击对话框中的"确定"按钮，系统生成图 3-18 所示的外形铣削刀路。

图 3-18　外形铣削刀路

6）按 <Alt+O> 组合键，系统弹出图 3-10 所示的刀路操作管理对话框。在"刀路 3- 外形铣削（2D）"的 刀路图标上单击，出现路径模拟，模拟刀路，检查刀具铣削路径有无问题。

7）选择当前刀路，单击 ≈ 图标，使图标变成灰色，即关闭当前的刀路显示。然后按 <Esc> 键，关闭刀路操作管理对话框，按 <Ctrl+S> 键保存偏心法兰文件。

3.4.4　选取 φ16mm 镶方合金刀粒圆鼻刀，用外形刀路对 φ75mm 部位进行半精加工

1）单击选项卡中的"刀路"→"2D 外形"，产生外形铣削刀路。

2）单击 按钮，选取图 3-1 中的 Chain1。单击 按钮，设置刀具及其他参数，如图 3-19 所示。

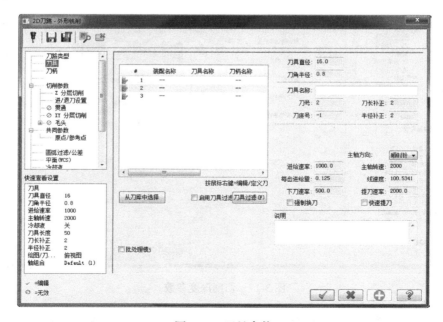

图 3-19　刀具参数

3）单击外形铣削刀路中"共同参数"及"切削参数"选项，参数设置如图 3-20 与图 3-21 所示。X/Y 方向的加工余量为 0.1mm，Z 方向的加工余量为 0.05mm，高度设置同前。

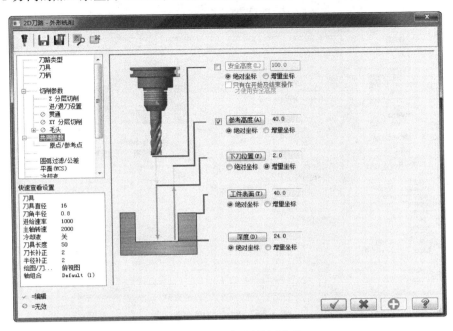

图 3-20　外形铣削共同参数

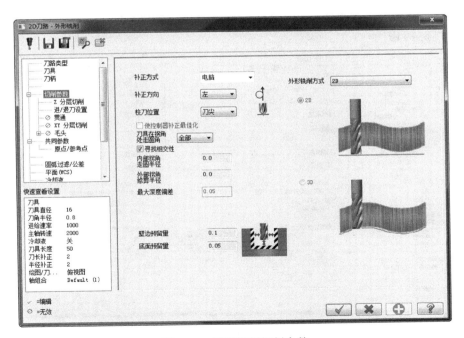

图 3-21　外形铣削切削参数

4）单击"Z 分层切削"选项，进行切削深度的设置。如图 3-22 所示。精加工中每刀步进量为 0.3mm。

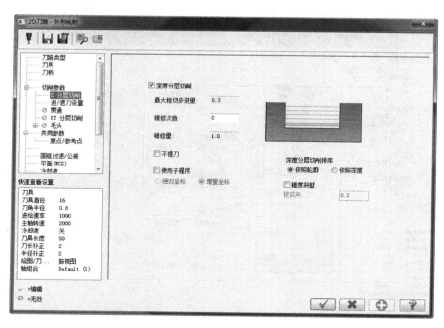

图 3-22　切削深度参数

5）这里不必设置外形多层铣削参数。刀具进刀、退刀的路径参数设置如图3-23所示。

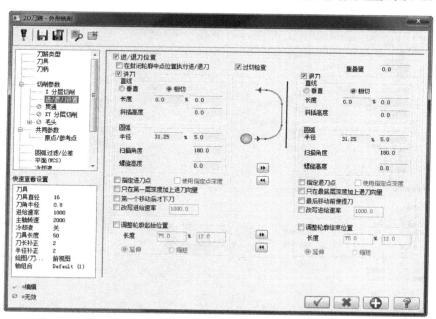

图 3-23　刀具进刀、退刀的路径参数

6）单击对话框中"确定"按钮，系统生成图3-24所示的外形铣削刀路。

图 3-24　外形铣削刀路

7）按 <Alt+O> 组合键，系统弹出图 3-10 所示的刀路操作管理对话框。在"刀路 4- 外形铣削（2D）"的 刀路图标上单击，出现路径模拟，模拟刀路，检查刀具铣削路径有无问题。

8）选择当前刀路，单击 ≈ 图标，使图标变成灰色，即关闭当前的刀路显示。然后按 <Esc> 键，关闭刀路操作管理对话框，按 <Ctrl+S> 键保存偏心法兰文件。

3.4.5　选取 φ16mm 四刃平底刀，用外形刀路对 R37.5mm 部位进行精加工

1）单击选项卡中的"刀路"→"2D 外形"，产生外形铣削刀路。

2）单击 按钮，选取图 3-1 中的 Chain1，单击 按钮，设置刀具及其他参数，如图 3-25 所示。

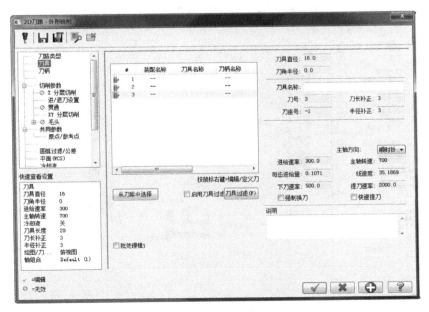

图 3-25　刀具参数

3）单击外形铣削刀路中"共同参数""切削参数"选项，参数设置如图 3-26 与图 3-27 所示。这里"工件表面"设置为 0.5mm，"深度"设置为 0.0mm（深度方向只进行一次切削，避免留下接刀痕）。X、Y、Z 方向的加工余量都为 0.0mm。

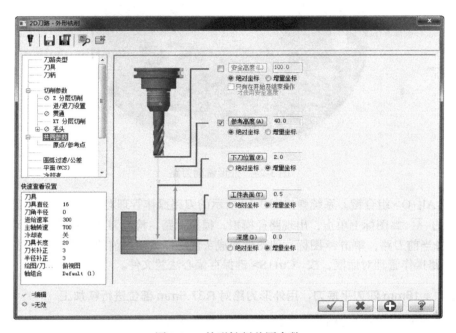

图 3-26　外形铣削共同参数

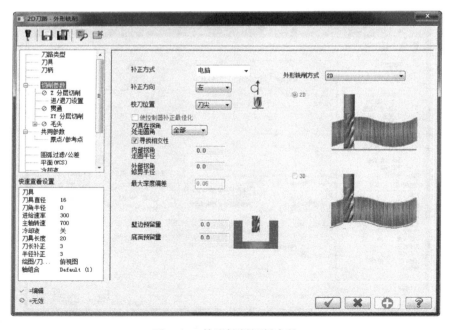

图 3-27　外形铣削切削参数

4）这里不进行切削深度的设置。单击"XY 分层切削"按钮，设置外形多层铣削参数，如图 3-28 所示。前面留有的 0.1mm 加工余量，这里分 4 步进行外形加工，粗加工每步取 0.05mm，精加工每步取 0.02mm。

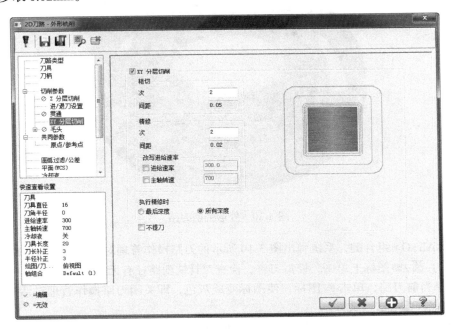

图 3-28　多层铣削参数

5）单击"进 / 退刀设置"选项，设置刀具进刀、退刀的路径参数，如图 3-29 所示。

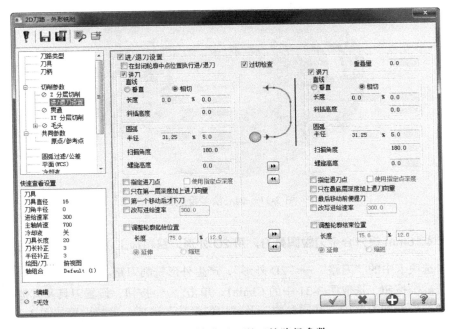

图 3-29　刀具进刀、退刀的路径参数

6）单击对话框中"确定"按钮，系统生成如图 3-30 所示的外形铣削刀路。

图 3-30　外形铣削刀路

7）按 <Alt+O> 组合键，系统弹出图 3-10 所示的刀路操作管理对话框。在"刀路 5- 外形铣削（2D）"的 ░刀路 图标上单击，模拟刀路，检查刀具铣削路径有无问题。

8）选择当前刀路，单击 ≋ 图标，使图标变成灰色，即关闭刀路操作管理对话框。然后按 <Ctrl+S> 键保存偏心法兰文件。

将零件反过来用自定心卡盘装夹好，开始加工偏心法兰中间孔及法兰上的三个环行槽，如图 3-31 所示。

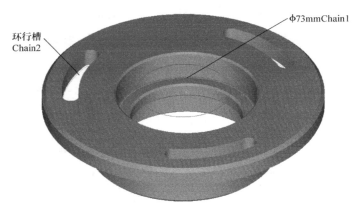

图 3-31　偏心法兰反装图

3.4.6　选取 φ16mm 镶方合金刀粒圆鼻刀，用 2D 外形刀路粗加工 φ73mm 的中间孔部位

1）单击选项卡中的"刀路"→"2D 外形"，产生外形铣削刀路。

2）单击 ▭ 按钮，选取图 3-31 中的 Chain1，单击 ✔ 按钮，设置刀具及其他参数。

3）单击外形铣削刀路中"共同参数"及"切削参数"选项，参数设置如图 3-32 与图 3-33 所示。这里"工件表面"设置为 0.0mm，"深度"设置为 −15.8mm（φ73mm 所在的 Z 深度）。

XY 方向的加工余量为 0.1mm，Z 方向的加工余量为 0.0mm。

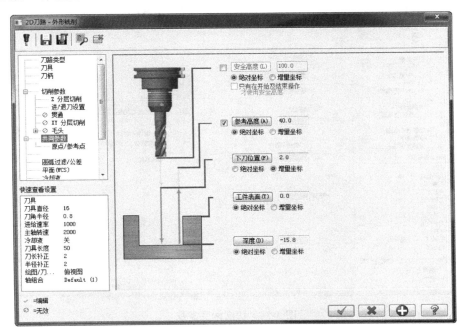

图 3-32　外形铣削共同参数

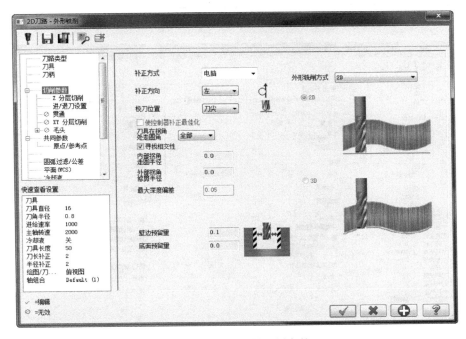

图 3-33　外形铣削切削参数

4）单击"Z 分层切削"选项，进行切削深度的设置，如图 3-34 所示，最大粗切步进量为 0.3mm。

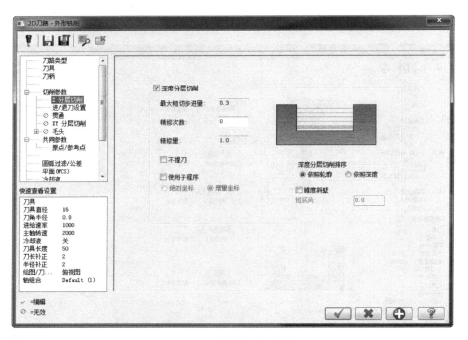

图 3-34　切削深度参数

5）这里不必设置外形多层铣削参数。

6）单击"进 / 退刀设置"选项，设置刀具进刀、退刀的路径参数，如图 3-35 所示。这里取消直线进刀，避免撞刀。

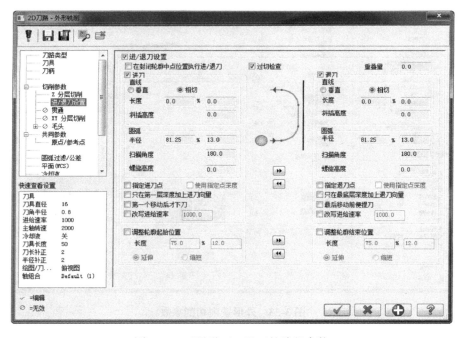

图 3-35　刀具进刀、退刀的路径参数

7）单击对话框中"确定"按钮，系统生成图 3-36 所示的外形铣削刀路。

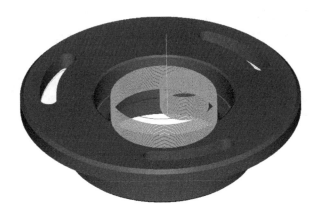

图 3-36 外形铣削刀路

8）按 <Alt+O> 组合键，系统弹出图 3-37 所示的刀路操作管理对话框。在"刀路 1 – 外形铣削（2D）"的 刀路 图标上单击，出现路径模拟，模拟刀路，检查刀具铣削路径有无问题。

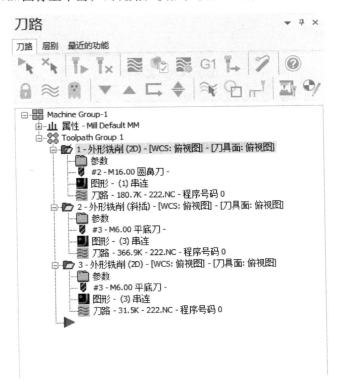

图 3-37 刀路操作管理对话框

9）选择当前刀路，单击 ≈ 图标，使图标变成灰色，即关闭当前的刀具路径显示，然后关闭刀路操作管理对话框，按 <Ctrl+S> 键保存偏心法兰文件。

3.4.7 选取 φ6mm 四刃平底合金刀，用斜坡铣削刀路对三个环行槽进行粗加工

1）单击选项卡中的"刀路"→"2D 外形"，产生外形铣削刀路。

2）单击 按钮，选取图 3-31 中的 Chain2，单击 ✓ 按钮，设置刀具及刀具参数如图 3-38 所示。

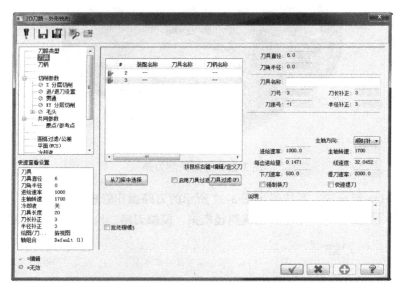

图 3-38　刀具参数

3）单击外形铣削刀路中"共同参数""切削参数"选项，参数设置如图 3-39、图 3-40 所示。这里"工件表面"设置为 0.2mm，"深度"设置为 −11.0mm（槽深 10.0mm）。XY 方向的加工余量为 0.2mm，Z 方向的加工余量为 0.0mm。

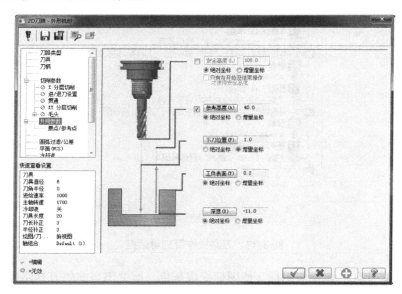

图 3-39　外形铣削共同参数

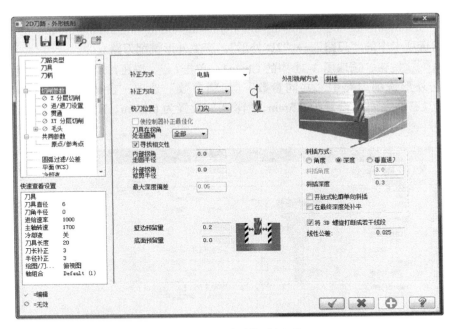

图 3-40　外形铣削切削参数

4）单击对话框中"确定"按钮，系统生成图 3-41 所示的外形斜坡铣削刀路。这里不必设置外形多层铣削参数、切削深度和刀具进刀、退刀的路径参数。

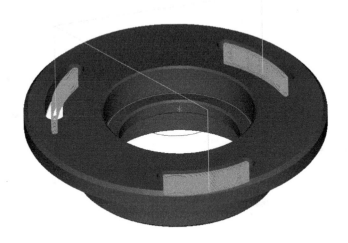

图 3-41　外形斜坡铣削刀路

5）按 <Alt+O> 组合键，系统弹出图 3-37 所示的刀路操作管理对话框。在"刀路 2 - 外形铣削（Ramp）"的 刀路图标上单击，出现路径模拟，模拟刀路，检查刀具铣削路径有无问题。

6）选择当前刀路，单击 ≈ 图标，使图标变成灰色，即关闭当前的刀路显示。然后按 <Esc> 键，关闭刀路操作管理对话框，按 <Ctrl+S> 键保存偏心法兰文件。

3.4.8 选取 φ6mm 四刃平底合金刀，用外形刀路对三个环行槽进行精加工

1）单击选项卡中的"刀路"→"2D 外形"，产生外形铣削刀路。

2）单击 ⚬⚬ 按钮，选取图 3-31 中的 Chain1，单击 ✔ 按钮，设置刀具及其他参数。

3）单击外形铣削刀路中"共同参数""切削参数"选项，参数设置如图 3-42、图 3-43 所示。这里"工件表面"设置为 0.5mm，"深度"设置为 0.0mm。XYZ 方向的加工余量都为 0.1mm。

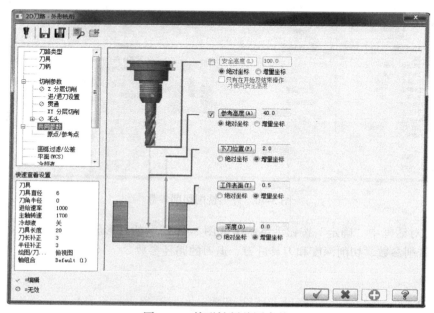

图 3-42 外形铣削共同参数

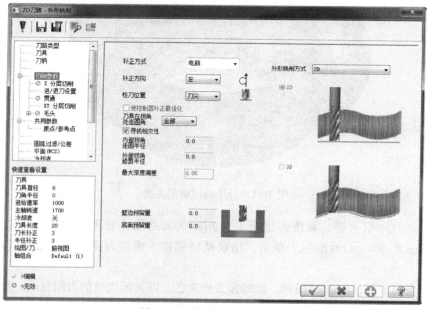

图 3-43 外形铣削切削参数

4）这里不必设置切削深度单击"XY 分层切削"选项，设置外形多层铣削参数。如图 3-44 所示，前面留有的 0.2mm 加工余量，这里分 3 步进行外形加工，粗加工每步取 0.1mm，精加工每步取 0.02mm。

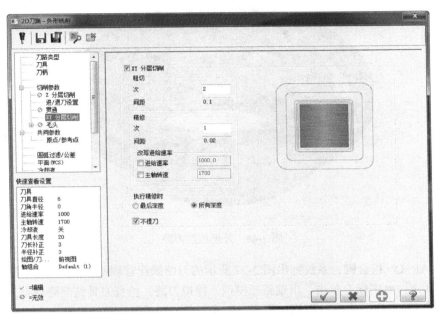

图 3-44　多层铣削参数

5）单击"进/退刀设置"选项，设置刀具进刀、退刀的路径参数，如图 3-45 所示。这里取消直线进刀，避免撞刀。

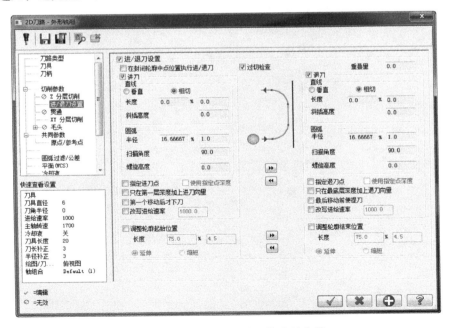

图 3-45　刀具进刀、退刀的路径参数

6）单击对话框中"确定"按钮，系统生成图 3-46 所示的外形铣削刀路。

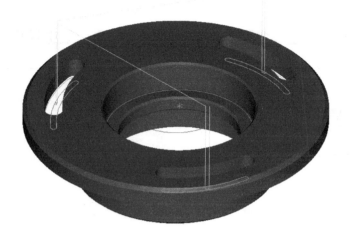

图 3-46　外形铣削刀路

7）按 <Alt+O> 组合键，系统弹出图 3-37 所示的刀路操作管理对话框。在"刀路 3- 外形铣削（2D）"的 刀路 图标上单击，出现路径模拟，模拟刀路，检查刀具铣削路径有无问题。

8）选择当前刀路，单击 ≈ 图标，使图标变成灰色，即关闭当前的刀路显示。然后按 <Esc> 键，关闭刀路操作管理对话框，按 <Ctrl+S> 键保存偏心法兰文件。

第4章

3D 外形零件的加工

4.1 零件结构分析

3D 外形零件的实体图如图 4-1 所示，零件毛坯图如图 4-2 所示，材料为铝材，具体尺寸见网上电子资源包。该零件是电子行业中的一个零件，生产批量很大，每月需要几万件，以前在普通铣床上生产，效率很低，每小时只能生产 10 余件，不但工人的劳动强度很大，而且产品的废品率很高。后来改在加工中心生产后，每小时能生产 50 件，而且几乎没有废品，不但提高了产量和质量，而且大大降低了工人的劳动强度，大幅度提高了生产率。根据工厂的设备特点，有针对性地制订了如下的加工工艺：

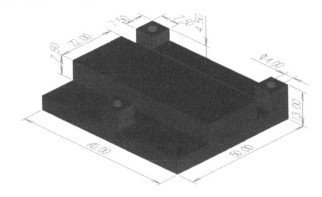

图 4-1 零件的 3D 实体图

1）设计了专用夹具，如图 4-3 所示，每排装 10 件，共 5 排，用长条形压板压住毛坯的中间，气动拧螺钉装夹，减少了装夹时间，降低了工人的劳动强度。

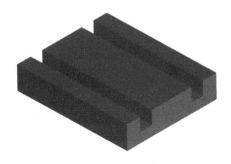

图 4-2 零件毛坯图

图 4-3 零件装夹图

2）运用加工中心的自动换刀系统，降低了对工人技术水平的要求，并根据铝材性软，加工时易变形并且排屑不畅的特性，使用了排屑顺畅、锋利的二刃硬质合金刀具，并使用很高的转速和较大的进给量，用切削液强力冲洗刀具，避免铝屑粘在切削刃上，每两天才需磨一次切削刃，降低了刀具的成本。

3）根据零件的特点，确定了一刀完成深度切削的原则。绘制图 4-4 所示的单个零件加工的 3D 刀路外形，图 4-5 为下部小凸台的外形放大图。Z 方向一次完成深度切削，最深切削量为 7.5mm。为解决在一次刀路中完成 XY 方向的粗、精加工问题，粗加工时在图形中将进刀路线偏移了 0.1mm，编程时取消了刀具补偿和加工余量的设置，依靠自行绘制的进刀路线来完成粗、精加工。为避免串连外形交叉的问题，加工路线在 Z 方向抬高了 0.1mm，因图形太小，不便表述，具体的路线设置见网上电子资源包。将每行 10 个，共 5 列的 50 个零件的 3D 外形刀路串连成一条路线，如图 4-6 所示。

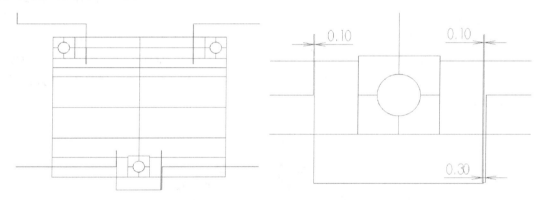

图 4-4　单个零件加工的 3D 刀路外形　　　图 4-5　下部小凸台的外形放大图

图 4-6　成批零件加工的 3D 刀路外形

4.2　刀路规划

1）选取 φ8mm 二刃平底合金刀，用 3D 外形刀路完成零件三个小凸台外形的粗、精加工。X、Y、Z 向加工余量都为 0.0mm。

2）选取 φ8mm 中心钻，用钻孔刀路钻削零件上所有孔的中心孔，深度为 3.0mm。

3）选取 φ3.9mm 钻头，用钻孔刀路钻削零件上所有孔，深度为 5.0mm。

4.3　图形准备

根据此零件的加工特点，绘制零件的 3D 实体图，并进行分层管理，分为 8 个层：第 1 层绘制了单个零件的 3D 实体，第 2 层绘制了所有零件的 3D 曲面，第 3 层绘制了所有零件的曲线，第 4 层绘制了所有的点，第 5 层绘制了编制 3D 外形刀路要使用的曲线，第 6 层绘制了零件的尺寸参数，第 7 层绘制了单个零件的曲面，第 8 层绘制了零件的毛坯。层管理图如图 4-7 所示。编程时将图形坐标原点放在工件毛坯顶部的中心处。

4.4　刀路参数设置

4.4.1　选取 Φ8mm 二刃平底合金刀，用 3D 外形刀路完成零件三个小凸台外形的粗、精加工

1）单击选项卡中的"刀路"→ 2D"外形"，产生外形铣削刀路。

2）单击 ⬭⬭ 按钮，选取图 4-6 中的 3D 外形。单击

图 4-7　层管理图

✔ 按钮，进入图 4-8 所示对话框，设置合适的刀具及其他参数。

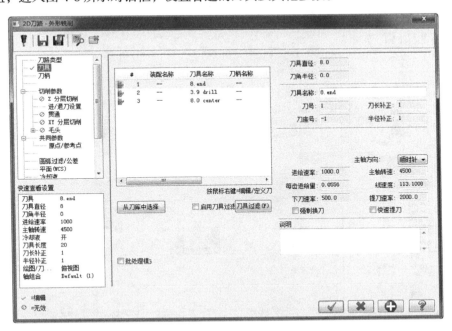

图 4-8　刀具参数

3）单击外形铣削刀路中"共同参数""切削参数"选项，参数设置如图 4-9 与图 4-10 所示。"外形铣削"选择 3D，"工件表面"取 0.0mm，"深度"取 0.0mm，"补偿类型"取 Off（因为在绘制刀路时已经考虑了补偿半径和粗、精加工的加工余量，这里取消了刀具补偿），X、Y、Z

数控铣削加工案例详解

方向的加工余量都为 0.0mm。

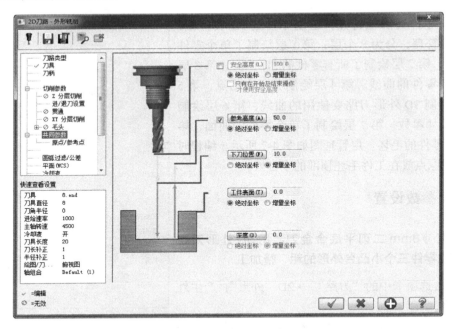

图 4-9　外形铣削共同参数

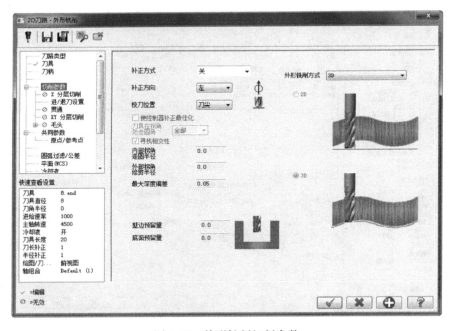

图 4-10　外形铣削切削参数

4）这里不必设置切削深度和外形多层铣削参数。单击"进/退刀设置"选项，设置刀具进刀、退刀的路径参数，如图 4-11 所示。

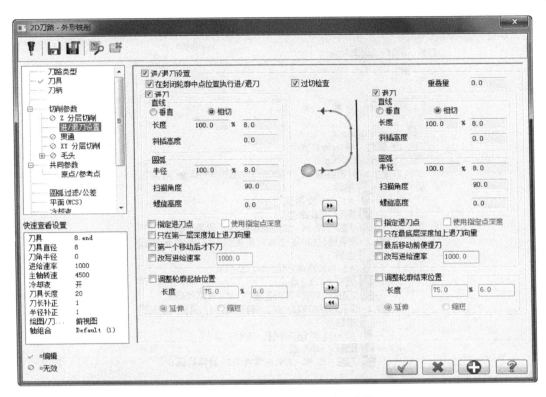

图 4-11　刀具进刀、退刀的路径参数

5）单击对话框中"确定"按钮 ，系统生成图 4-12 所示的 3D 外形铣削刀路。

图 4-12　3D 外形铣削刀路

6）按 <Alt+O> 组合键，系统弹出图 4-13 所示的刀路操作管理对话框。在"刀路 1- 外形铣削（3D）"的 ▒刀路 图标上单击，出现路径模拟，模拟刀路，检查刀具铣削路径有无问题。

7）选择当前刀路，单击 ≈ 图标，使图标变成灰色，即关闭当前的刀路显示，然后关闭刀路操作管理对话框，按 <Ctrl+S> 键保存 3D 外形零件文件。

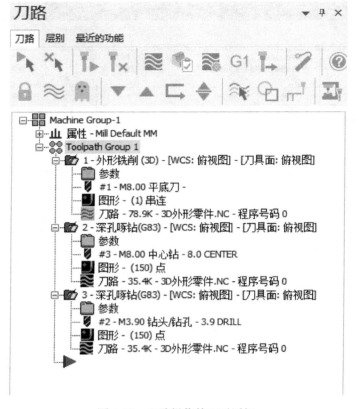

图 4-13　刀路操作管理对话框

4.4.2　选取 φ8mm 中心钻，用钻孔刀路钻削零件上所有孔的中心孔

1）单击选项卡中的"刀路"→"2D 钻孔"，产生钻孔刀路。

2）单击 Window pts 按钮，选取图 4-14 中所有孔的圆心，按 <Esc> 键，单击 ✔️ 按钮，设置刀具及其他参数，如图 4-15～图 4-17 所示。

图 4-14　冷凝器固定板孔阵图

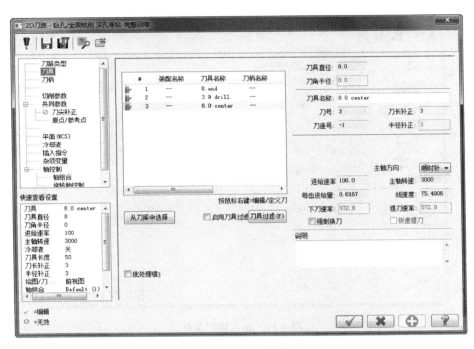

图 4-15　刀具参数

3）单击钻削刀路中"共同参数""切削参数"选项，参数设置如图 4-16 与图 4-17 所示。这里"工件表面"设置为 0.0mm，"深度"设置为 −3.0mm，"啄孔"设置为 1.0mm，Z 方向的钻孔深度为 3.0mm。

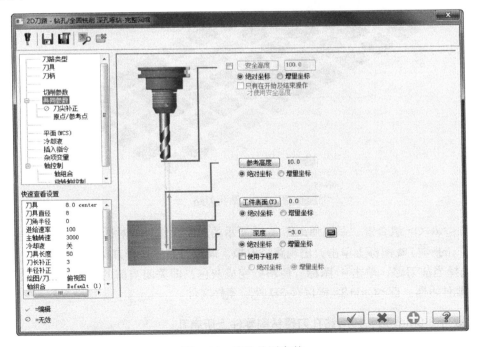

图 4-16　钻孔共同参数

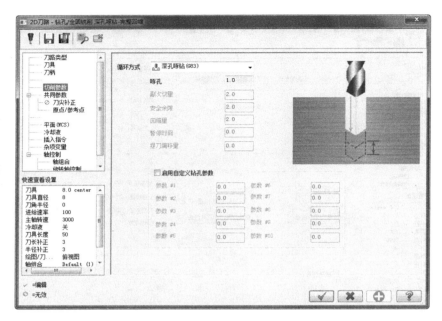

图 4-17　钻孔切削参数

4）单击对话框中"确定"按钮 ，系统生成图 4-18 所示的钻孔刀路（无须设置传统钻孔参数）。

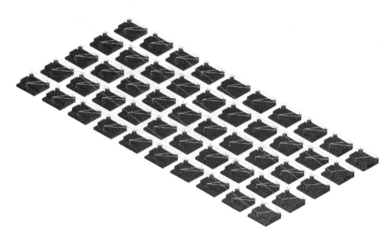

图 4-18　钻孔刀路

5）按 <Alt+O> 组合键，系统弹出图 4-13 所示的刀路操作管理对话框。在"刀路 2- 深孔啄钻（G83）"的 刀路 图标上单击，出现路径模拟，模拟刀路，检查刀路有无问题。

6）选择当前刀路，单击 ≈ 图标，使图标变成灰色，即关闭当前的刀路显示。然后关闭刀路操作管理对话框。按 <Ctrl+S> 键保存 3D 外形零件文件。

4.4.3　选取 Φ3.9mm 钻头，用钻孔刀路钻削零件上所有孔。

1）单击选项卡中的"刀路"→"2D 钻孔"，产生钻孔刀路。

2）单击 全选 按钮，选取图 4-14 中所有孔的圆心，按 <Esc> 键，单击 ✓ 按钮，设置刀具及刀具参数，如图 4-19 所示。

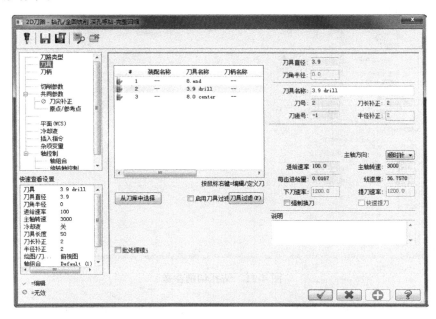

图 4-19　刀具参数

3）单击钻削刀路中"共同参数""切削参数"选项，参数设置如图 4-20 与图 4-21 所示。这里"工件表面"设置为 0.0mm，"深度"设置为 −5.0mm，"啄孔"设置为 0.5mm，Z 方向的钻孔深度为 5.0mm。

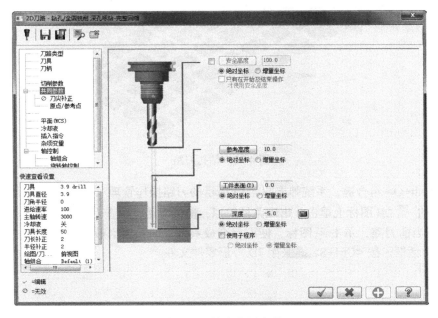

图 4-20　钻孔共同参数

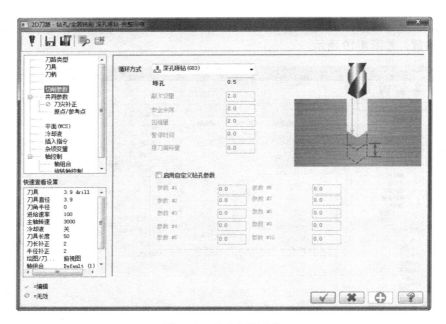

图 4-21　钻孔切削参数

4）单击对话框中"确定"按钮 ，系统生成图 4-22 所示的钻孔刀路（无须设置传统钻孔参数）。

图 4-22　钻孔刀路

5）按 <Alt+O> 组合键，系统弹出图 4-13 所示的刀路操作管理对话框。在"刀路 3- 深孔啄钻（G83）"的 ▆ 刀路 图标上单击，出现路径模拟，模拟刀路，检查刀路有无问题。

6）选择当前刀路，单击 ≈ 图标，使图标变成灰色，即关闭当前的刀路显示。然后关闭刀路操作管理对话框，按 <Ctrl+S> 键保存 3D 外形零件文件。

第5章

浅凸台零件的加工

5.1 零件结构分析

浅凸台零件的 3D 图如图 5-1 所示，零件三维尺寸为 68mm×48mm×7mm。材料为纯铜，具体尺寸见网上资源包。该零件是塑料模具加工中的一个铜电极零件，零件下部的四周设计成正方形，为方便辨认定位的方向，设计了一个缺口。零件有两层凸台，高度分别为 0.60mm 和 1.40mm。零件曲面过渡圆滑，表面和圆弧倒角表面质量要求高，凸面和平面结合部位的清角加工是此零件的加工难点，因此，加工过程中设置了半精加工步骤。根据本厂的设备条件，制订了如下的加工工艺：

1）用普通设备上加工出毛坯尺寸为 72mm×52mm×10mm，底面钻 4 个 M8 的螺纹孔供装夹用。

2）用 M8 螺钉将零件固定在布满孔阵的装夹固定板上，再用压板将装夹固定板固定在机床的工作台。

3）用 2D 外形加工刀路进行曲面的清角及加工周围四面至尺寸要求。

4）用 3D 曲面加工刀路加工零件表面。

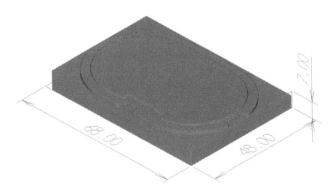

图 5-1　浅凸台零件的实体图

5.2 刀路规划

1）选取 φ6mm 平底合金刀，用 3D 挖槽刀路对零件上部的两层凸台进行 3D 挖槽粗加工，加工余量为 0.05mm。

2）选取 φ6mm 四刃平底合金刀，用 2D 外形刀路对零件底部外形进行粗加工，XY 方向加工余量为 0.05mm，Z 向不留余量。

3）选取 φ1mm 四刃平底合金刀，用 2D 挖槽刀路对零件深度为 −2.0045mm 的第二凸台表面进行挖槽精加工，XY 方向的加工余量为 0.5mm，以避免加工刀具触碰到此台阶的外形。Z 方向不留余量。

4）选取 φ4mm 四刃平底合金刀，用 2D 外形刀路对零件底部外形进行精加工，XY 方向加工余量为 0.00mm，Z 方向不留余量。

5）选取 φ4mm 四刃平底合金刀，用 2D 外形刀路对零件深度为 −2.0045mm 的第二凸台表面进行精加工，XYZ 方向加工余量都为 0.00mm。

6）选取 φ4mm 四刃平底合金刀，用 2D 外形刀路对零件深度为 −2.0045mm 的第二凸台的 4 个凹槽进行粗加工，XYZ 方向加工余量都为 0.00mm。

7）选取 φ1mm 四刃平底合金刀，用 2D 外形刀路对零件深度为 −2.0045mm 的第二凸台的 4 个凹槽进行清角精加工，XYZ 方向加工余量都为 0.00mm。

8）选取 φ1mm 四刃平底合金刀，用曲面等高外形刀路对 0 ～ −1.2mm 高度之间的曲面进行半精加工，加工余量为 0.0mm。

9）选取 φ1mm 球头刀，用曲面平行铣削刀路对两凸台进行半精加工，加工余量为 0.0mm。

10）选取 φ0.6mm 球头刀，用曲面平行铣削刀路对两凸台进行精加工，加工余量为 0.0mm。

5.3 图形准备

此零件结构并不复杂，用曲面功能绘制 3D 曲面图，并绘制了 2D 曲线。绘图进行了分层管理，分为 4 个层：第 1 层绘制了 2D 曲线骨架和要使用的曲线和刀具边界（图 5-2），第 2 层绘制了零件的精加工曲面，第 3 层绘制了零件的 3D 曲面，第 4 层标注了零件的尺寸参数，层管理图如图 5-3 所示。编程时将图形坐标原点放在工件毛坯 XY 方向的中心处，顶面 Z 方向尺寸为 0.0mm。

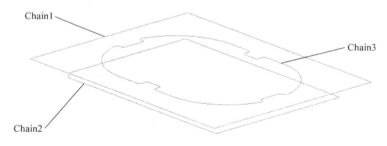

图 5-2　切削曲线及边界图

5.4 刀路参数设置

5.4.1 选取 φ6mm 平底合金刀，用 3D 挖槽刀路对零件上部的两层凸台进行 3D 挖槽粗加工

1）单击选项卡中的"刀路"→"3D 粗切挖槽"，产生曲面挖槽刀路。

2）选取加工曲面，按 <Enter> 键确认，在弹出的界面中再单击"确定"按钮，进入图 5-4 所示的对话框，选取合适的刀具及刀具参数。

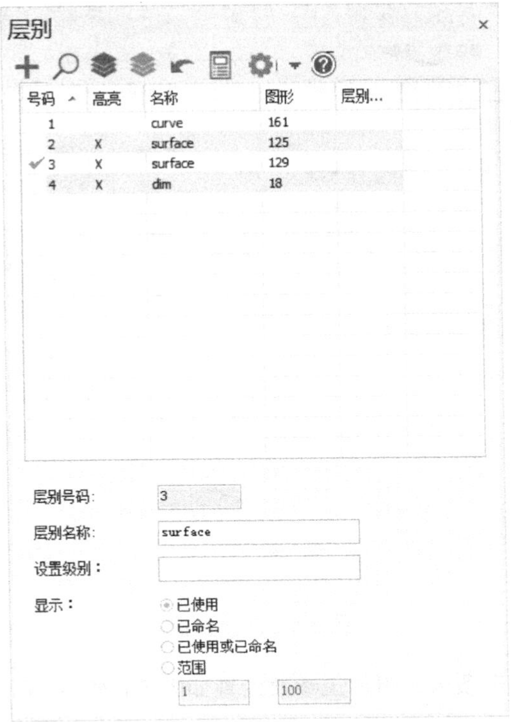

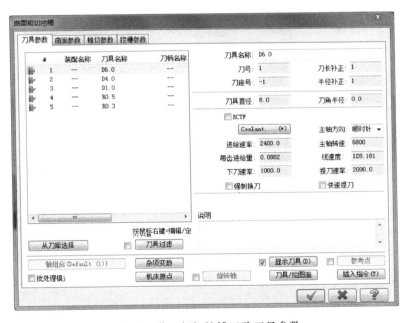

图 5-3   层管理图

图 5-4   曲面粗切挖槽刀路刀具参数

3）单击"曲面参数"选项卡，曲面参数设置如图 5-5 所示，加工余量设定为 0.05mm。

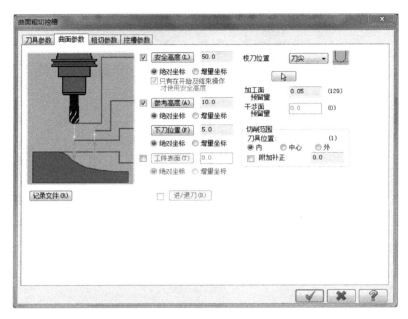

图 5-5　曲面参数

4）单击"粗切参数"选项卡，粗加工参数设置如图 5-6 所示，Z 最大步进量设定为 0.3mm。

图 5-6　曲面粗加工参数

5）由切削范围外下刀，无须设置螺旋下刀参数。

6）单击"切削深度"按钮，切削深度设置对话框如图 5-7 所示。采用绝对坐标，"最高位置"设定为 0.0mm，"最低位置"设定为 −2.0045mm（一般 −2.0045mm 以下的粗加工采用 2D 外形刀路进行加工，效率较高）。

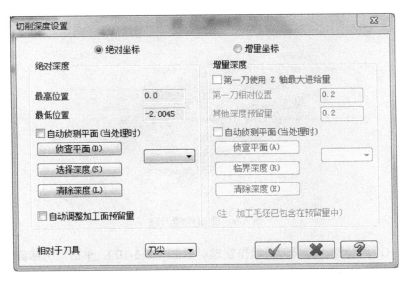

图 5-7　切削深度参数

7）单击"挖槽参数"选项卡，挖槽参数设置如图 5-8 所示。切削方式选择为"等距环切"方式。

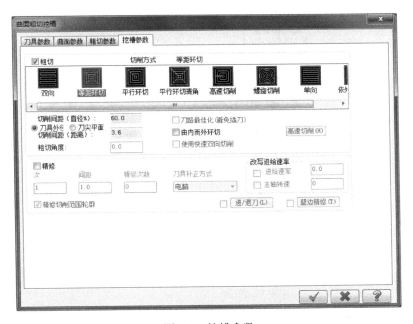

图 5-8　挖槽参数

8）单击对话框中"确定"按钮 ，系统提示"选择刀路范围限定框"，选择图 5-2 中的 Chain1，单击 按钮，系统生成图 5-9 所示的曲面挖槽刀路。

图 5-9　曲面挖槽刀路

9）按<Alt+O>组合键，打开刀路操作管理对话框（图5-10），单击"机床群组属性"按钮，设置毛坯参数，如图 5-11 所示。

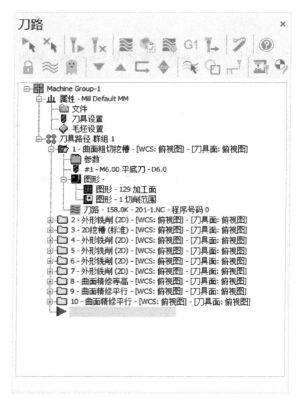

图 5-10　刀路操作管理对话框

10）在"刀路 1- 曲面粗切挖槽"的 刀路 图标上单击，出现路径模拟，模拟刀路，检查刀具铣削路径有无问题。

11）选择当前刀路，单击 ≈ 图标，使图标变成灰色，即关闭当前的刀路显示。然后关闭刀路操作管理对话框，按 <Ctrl+S> 键保存凸台零件文件。

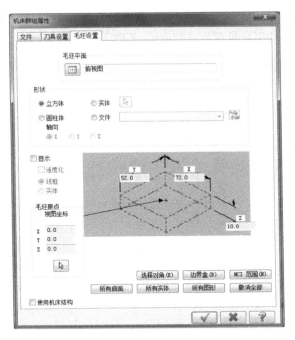

图 5-11　毛坯参数设置对话框

5.4.2　选取 φ6mm 四刃平底合金刀，用 2D 外形刀路对零件底部外形进行粗加工

1）单击选项卡中的"刀路"→"2D 外形"，产生外形铣削刀路。

2）单击 按钮，选取图 5-2 中的 Chain2，单击 按钮，进入图 5-12 所示界面，选取合适的刀具及刀具参数。

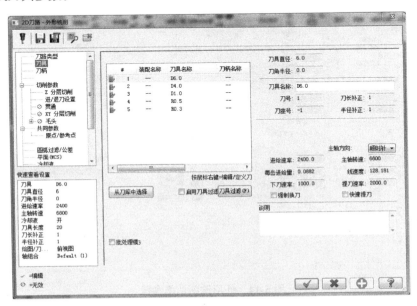

图 5-12　外形铣削刀路刀具参数

3）单击外形铣削刀路中"共同参数""切削参数"选项对话框，参数设置如图 5-13 与图 5-14 所示。X、Y 方向的加工余量都为 0.05mm，Z 向不留余量。

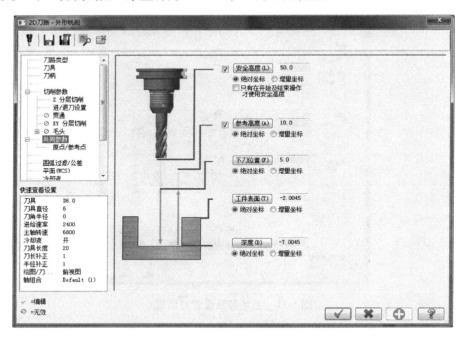

图 5-13　外形铣削共同参数

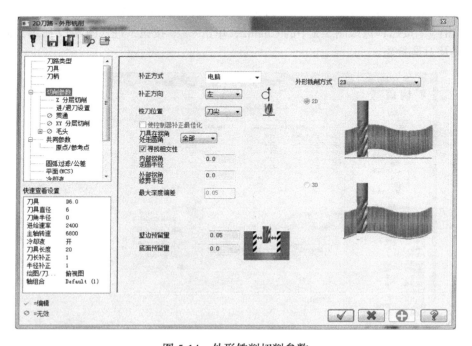

图 5-14　外形铣削切削参数

4）单击"Z 分层切削"选项，设置切削深度，Z 方向最大粗切步进量为 0.3mm，如图 5-15

所示。（无须设置 XY 分层切削）。

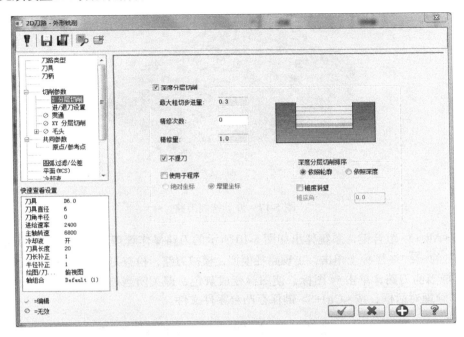

图 5-15　Z 分层铣削参数

5）单击"进 / 退刀设置"选项，设置刀具进刀、退刀的路径参数，如图 5-16 所示。

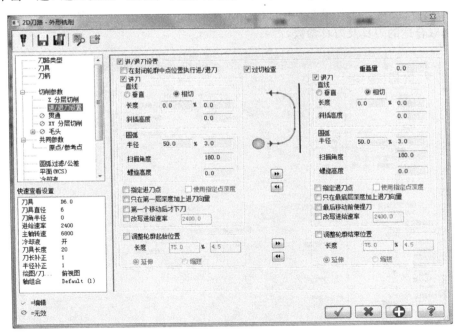

图 5-16　刀具进刀、退刀的路径参数

6）单击对话框中"确定"按钮　，系统生成图 5-17 所示的外形铣削刀路。

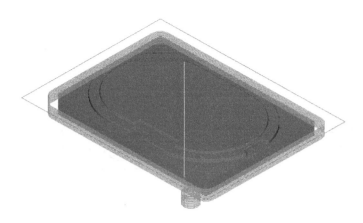

图 5-17　外形铣削刀路

7）按 <Alt+O> 组合键，系统弹出如图 5-10 所示的刀路操作管理对话框。在"刀路 2-2D 挖槽（标准）"的　刀路 图标上单击，出现路径模拟，模拟刀路，检查刀具铣削路径有无问题。

8）选择当前刀路，单击 ≈ 图标，使图标变成灰色，即关闭当前的刀具路径显示。然后关闭刀路操作管理对话框，按 <Ctrl+S> 键保存凸台零件文件。

5.4.3　选取 φ1mm 四刃平底合金刀，用 2D 挖槽刀路对零件深度为 −2.0045mm 的第二凸台表面进行挖槽精加工

1）单击选项卡中的"刀路"→"2D 挖槽"，产生挖槽铣削刀路。

2）单击 按钮，选取图 5-2 中的 Chain1 和 Chain3，单击 ✔ 按钮，进入图 5-18 所示的界面，选取合适的刀具及刀具参数。

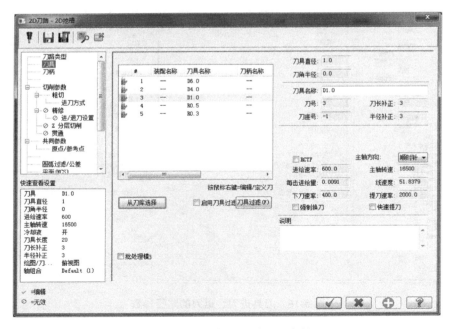

图 5-18　挖槽铣削刀路刀具参数

　　3）单击挖槽铣削刀路中"共同参数""切削参数"选项对话框，参数设置如图 5-19 与图
5-20 所示。XY 方向的加工余量都为 0.5mm，Z 向不留余量。

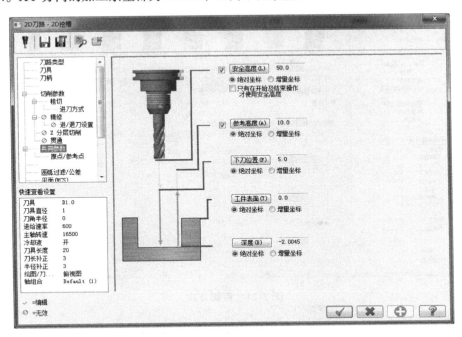

图 5-19　挖槽铣削共同参数

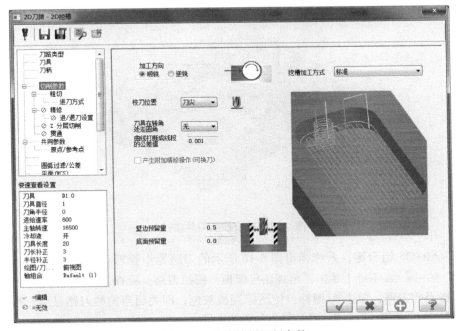

图 5-20　挖槽铣削切削参数

　　4）无须设置"Z 分层切削"选项。单击"粗切"选项，以"等距环切"方式切削，如
图 5-21 所示。

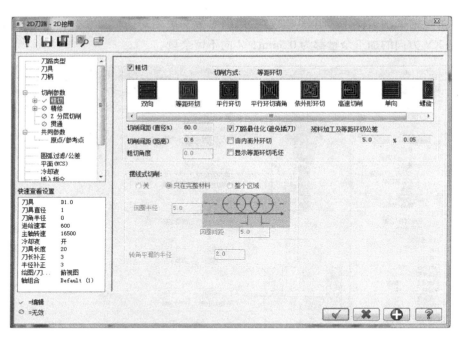

图 5-21　粗切方式

5）单击对话框中"确定"按钮，系统生成图 5-22 所示的外形铣削刀路。

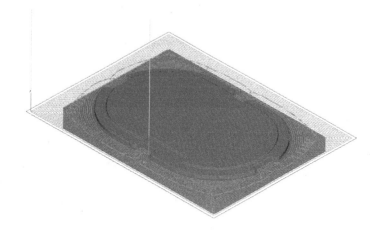

图 5-22　挖槽加工刀具路径

6）按 <Alt+O> 组合键，系统弹出图 5-10 所示的刀路操作管理对话框。在"刀路 3-2D 挖槽（标准）"的 ▓刀路 图标上单击，出现路径模拟，模拟刀路，检查刀具铣削路径有无问题。

7）选择当前刀路，单击 ≈ 图标，使图标变成灰色，即关闭当前的刀路显示。然后关闭刀路操作管理对话框，按 <Ctrl+S> 键保存凸台零件文件。

5.4.4　选取 Φ4mm 四刃平底合金刀，用 2D 外形刀路对零件底部外形进行精加工

1）单击选项卡中的"刀路"→"2D 外形"，产生外形铣削刀路。

2）单击 按钮，选取图 5-2 中的 Chain2。单击 ✓ 按钮，进入图 5-23 所示的界面，选取合适的刀具及刀具参数。

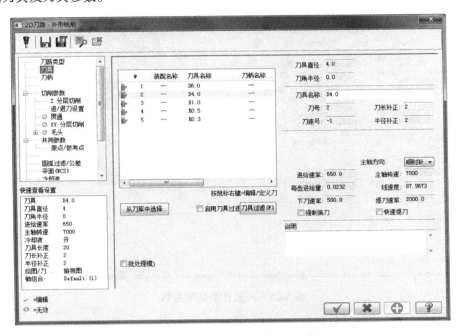

图 5-23 外形铣削刀路刀具参数

3）单击外形铣削刀路中"共同参数""切削参数"选项，参数设置如图 5-24 与图 5-25 所示。X、Y、Z 方向的加工余量都为 0.0mm。

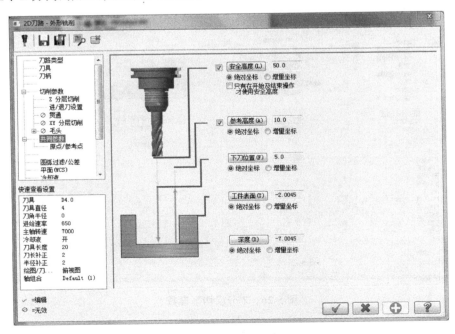

图 5-24 外形铣削共同参数

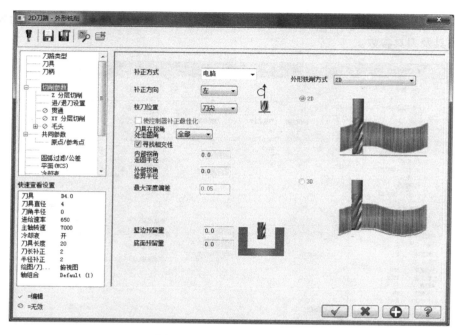

图 5-25　外形铣削切削参数

4）无须设置 XY 分层切削。单击 "Z 分层切削" 选项，设置 Z 多层铣削参数，如图 5-26 所示。粗加工每步 2.0mm。

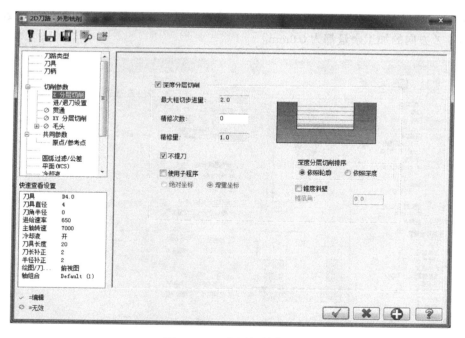

图 5-26　Z 分层切削参数

5）单击 "进/退刀设置" 选项，设置刀具进刀、退刀的路径参数，如图 5-27 所示。

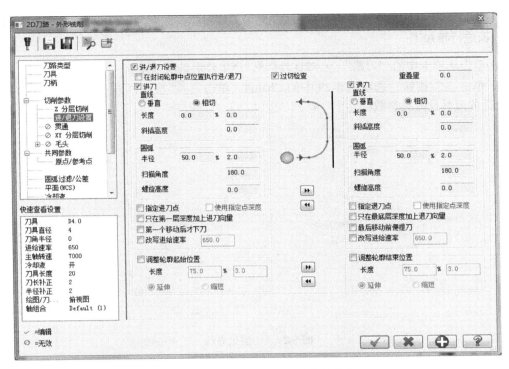

图 5-27　刀具进刀、退刀的路径参数

6）单击对话框中"确定"按钮，系统生成图 5-28 所示的外形铣削刀路。

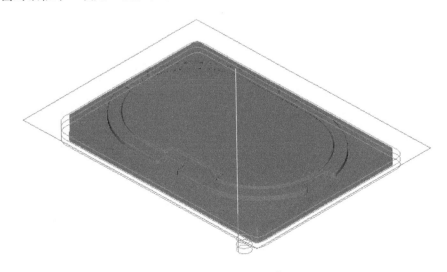

图 5-28　外形铣削刀路

7）按 \<Alt+O\> 组合键，系统弹出图 5-10 所示的刀路操作管理对话框。在"刀路 4- 外形铣削（2D）的 刀路 图标上单击，出现路径模拟，模拟刀路，检查刀具铣削路径有无问题。

8）选择当前刀路，单击 ≈ 图标，使图标变成灰色，即关闭当前的刀路显示。然后关闭刀路操作管理对话框，按 \<Ctrl+S\> 键保存凸台零件文件。

5.4.5 选取 φ4mm 四刃平底合金刀，用 2D 外形刀路对零件深度为 −2.0045mm 的第二凸台表面进行精加工

1）单击选项卡中的"刀路"→"2D 外形"，产生外形铣削刀路。

2）单击 按钮，选取图 5-29 中的 Chain4。单击 ✔ 按钮，进入图 5-30 所示的界面，选取合适的刀具及刀具参数。

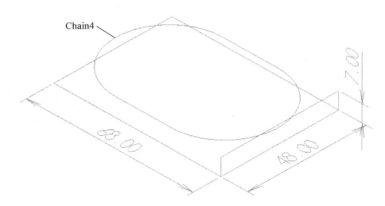

图 5-29　切削边界线

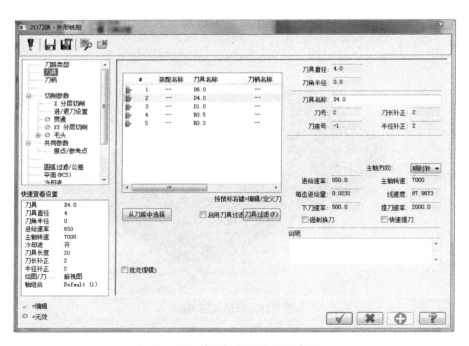

图 5-30　外形铣削刀路刀具参数

3）单击外形铣削刀路中"共同参数""切削参数"选项，参数设置如图 5-31 与图 5-32 所示。X、Y、Z 方向的加工余量都为 0.0mm。

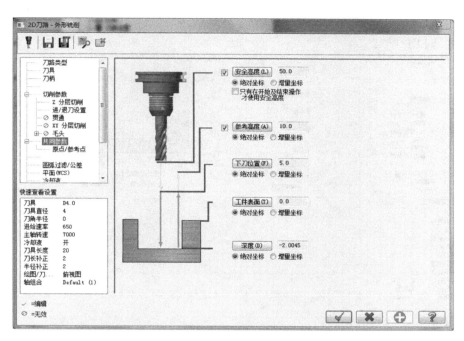

图 5-31　外形铣削共同参数

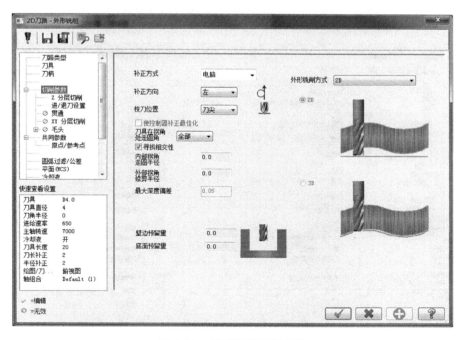

图 5-32　外形铣削切削参数

4）无须设置 XY 分层切削。单击"Z 分层切削"选项，设置 Z 多层铣削参数，如图 5-33 所示。粗加工每步 2.0mm。

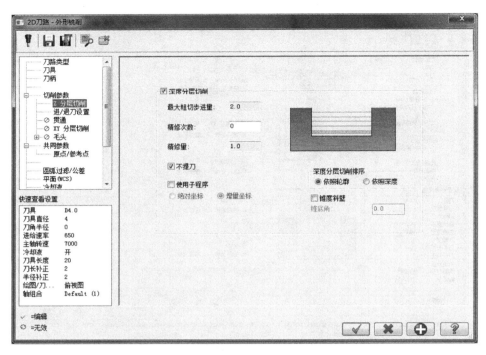

图 5-33　Z 分层切削参数

5）单击"进 / 退刀设置"选项，设置刀具进刀、退刀的路径参数，如图 5-34 所示。

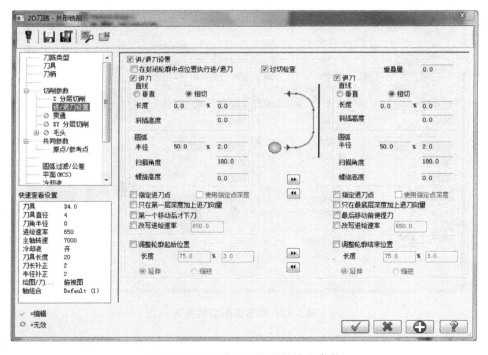

图 5-34　刀具进刀、退刀的路径参数

6）单击对话框中"确定"按钮，系统生成图 5-35 所示的外形铣削刀路。

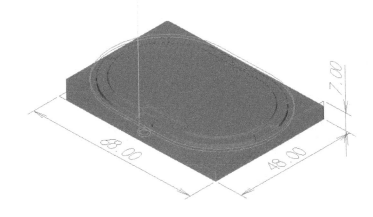

图 5-35 外形铣削刀路

7）按 <Alt+O> 组合键，系统弹出图 5-10 所示的刀路操作管理对话框。在"刀路 5- 外形铣削（2D）"的 刀路 图标上单击，出现路径模拟，模拟刀路，检查刀具铣削路径有无问题。

8）选择当前刀路，单击 ≈ 图标，使图标变成灰色，即关闭当前的刀路显示。然后关闭刀路操作管理对话框，按 <Ctrl+S> 键保存凸台零件文件。

5.4.6 选取 φ4mm 四刃平底合金刀，用 2D 外形刀路对零件深度为 −2.0045mm 的第二凸台的 4 个凹槽进行粗加工

1）单击选项卡中的"刀路"→"2D 外形"，产生外形铣削刀路。

2）单击 按钮，单独选取图 5-36 中的 4 个凹槽。单击 按钮，进入图 5-37 所示的界面，选取合适的刀具及刀具参数。

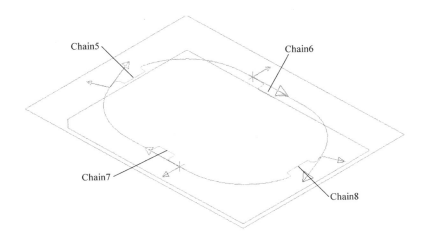

图 5-36 切削边界线

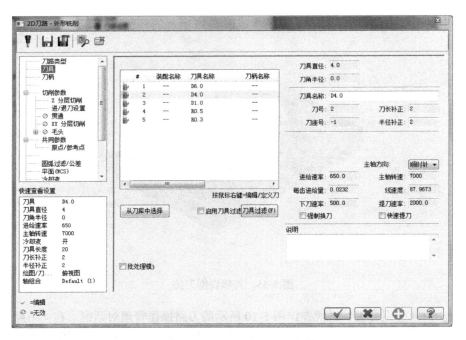

图 5-37 外形铣削刀路刀具参数

3）单击外形铣削刀路中"共同参数""切削参数"选项，参数设置如图 5-38 与图 5-39 所示。X、Y、Z 方向的加工余量都为 0.0mm。

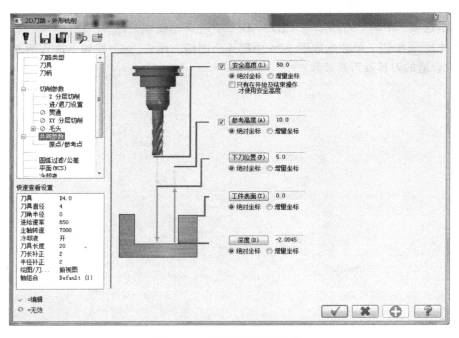

图 5-38 外形铣削共同参数

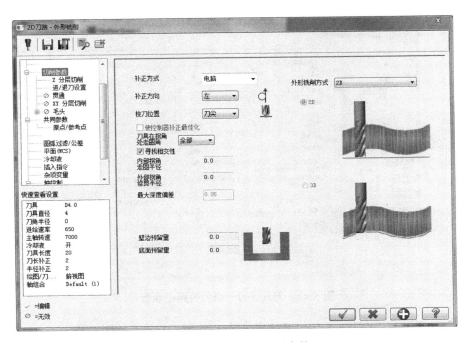

图 5-39　外形铣削切削参数

4）无须设置 XY 分层切削。单击"Z 分层切削"选项，设置 Z 多层切削参数，如图 5-40 所示。粗加工每步 2.0mm。

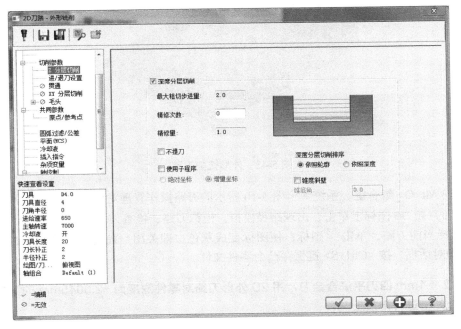

图 5-40　Z 分层切削参数

5）单击"进 / 退刀设置"选项，设置刀具进刀、退刀的路径参数，如图 5-41 所示。

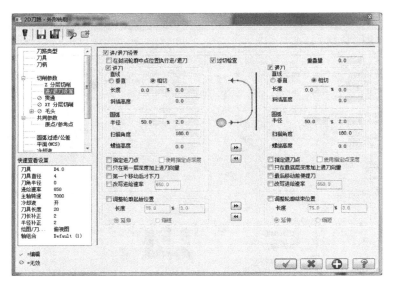

图 5-41　刀具进刀、退刀的路径参数

6）单击对话框中"确定"按钮，系统生成图 5-42 所示的外形铣削刀路。

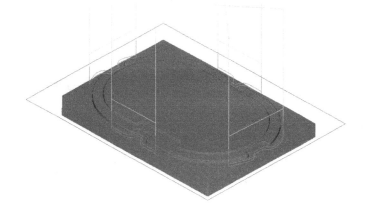

图 5-42　外形铣削刀路

7）按 <Alt+O> 组合键，系统弹出图 5-10 所示的刀路操作管理对话框。在"刀路 6- 外形铣削（2D）"的 刀路 图标上单击，出现路径模拟，模拟刀路，检查刀具铣削路径有无问题。

8）选择当前刀路，单击 ≈ 图标，使图标变成灰色，即关闭当前的刀路显示。然后关闭刀路操作管理对话框，按 <Ctrl+S> 键保存凸台零件文件。

5.4.7　选取 φ1mm 四刃平底合金刀，用 2D 外形刀路对零件深度为 −2.0045mm 的第二凸台的 4 个凹槽进行精加工

1）单击选项卡中的"刀路"→"2D 外形"，产生外形铣削刀路。

2）单击 按钮，单独选取图 5-36 中的 4 个凹槽。单击 按钮，进入图 5-43 所示的界面，选取合适的刀具及刀具参数。

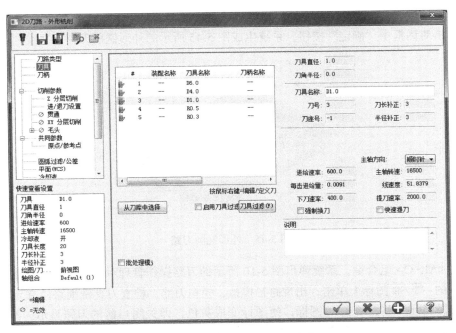

图 5-43　外形铣削刀路刀具参数

3）单击外形铣削刀路中"共同参数""切削参数"选项，参数设置如上一刀路。X、Y、Z方向的加工余量都为 0.0mm。

4）无须设置 XY 分层切削。单击"Z 分层切削"选项，设置 Z 分层切削参数。参数设置图5-44 所示，粗加工最大粗切步进量为 0.05mm。

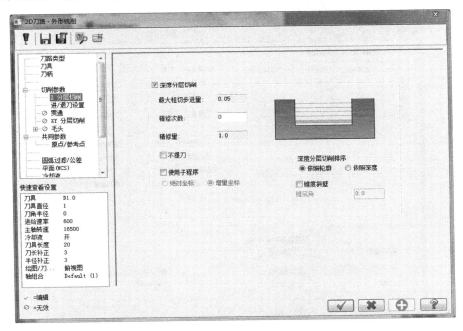

图 5-44　Z 分层切削参数

5）单击"进/退刀设置"选项，设置刀具进刀、退刀的路径参数，参数设置如上一刀路。

6）单击对话框中"确定"按钮，系统生成图 5-45 所示的外形铣削刀路。

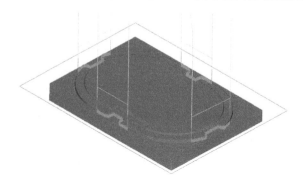

图 5-45　外形铣削刀路

7）按 <Alt+O> 组合键，系统弹出图 5-10 所示的刀路操作管理对话框。在"刀路 7- 外形铣削（2D）"的 ▦刀路 图标上单击，出现路径模拟，模拟刀路，检查刀具铣削路径有无问题。

8）选择当前刀路，单击 ≈ 图标，使图标变成灰色，即关闭当前的刀路显示。然后关闭刀路操作管理对话框，按 <Ctrl+S> 键保存凸台零件文件。

5.4.8　选取 φ1mm 四刃平底合金刀，用曲面等高外形刀路对 0 ～ -1.2mm 高度之间的曲面进行半精加工

1）单击选项卡中的"刀路"→"3D 精修等高"，产生曲面等高外形刀路。

2）选取加工曲面，框选所有曲面，按 <Enter> 键确认，在弹出的界面中再单击"确定"按钮，进入图 5-46 所示对话框，选取合适的刀具及刀具参数。

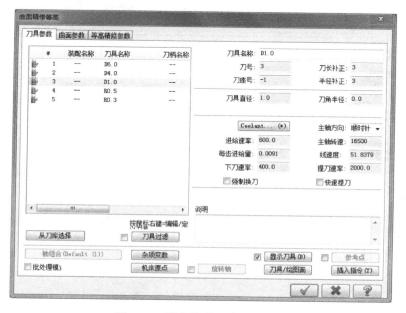

图 5-46　等高外形刀路刀具参数

3）单击"曲面精修等高"对话框中的"曲面参数"选项卡，曲面参数设置如图 5-47 所示，加工面预留量设定为 0.03mm。

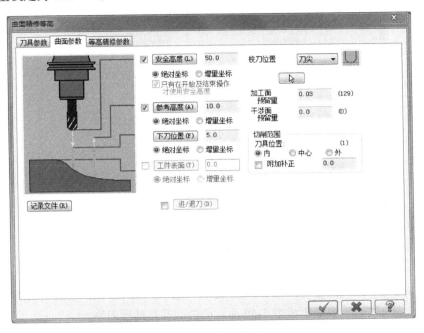

图 5-47　曲面参数

4）单击"曲面精修等高"对话框中"等高精修参数"选项卡，参数设置如图 5-48 所示。Z 最大步进量取 0.03mm（精加工可采用很小的步距）。

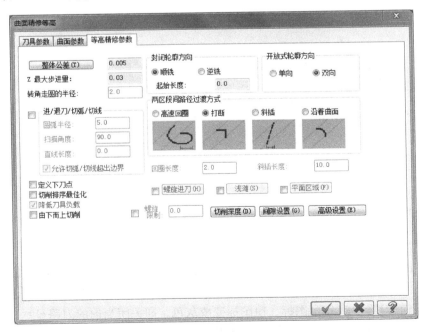

图 5-48　等高精修参数

5）单击"切削深度"按钮，切削深度的设置如图 5-49 所示。此处选择绝对坐标，最高位置取 0.0mm，最低位置取 −1.2mm。

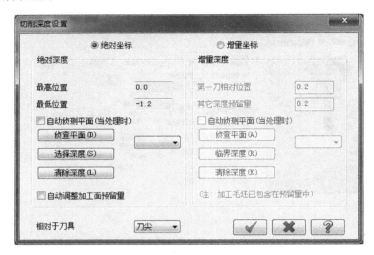

图 5-49　切削深度参数

6）单击对话框中"确定"按钮，系统提示"选择刀路范围限定框"，选择图 5-2 中的 Chain1，单击 ✓ 按钮，系统生成图 5-50 所示的曲面等高外形刀路。

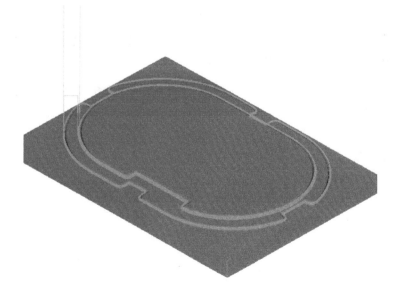

图 5-50　曲面等高外形刀路

7）按 <Alt+O> 组合键，系统弹出图 5-10 所示的刀路操作管理对话框。在"刀路 8- 曲面精修等高"的 ≋ 刀路 图标上单击，出现路径模拟，模拟刀路，检查刀具铣削路径有无问题。

8）选择当前刀路，单击 ≈ 图标，使图标变成灰色，即关闭当前的刀路显示。然后关闭刀路操作管理对话框，按 <Ctrl+S> 键保存凸台零件文件。

5.4.9 选取 R0.5mm 球头合金刀，用曲面平行铣削刀路对两凸台进行半精加工

1）单击选项卡中的"刀路"→"3D 平行"，产生曲面精加工平行铣削刀路。

2）选取图 5-51 所示的曲面按 <Enter> 键确认，在弹出的界面中再单击"确定"按钮，进入图 5-52 所示对话框，选取合适的刀具及刀具参数。

图 5-51　精加工的曲面

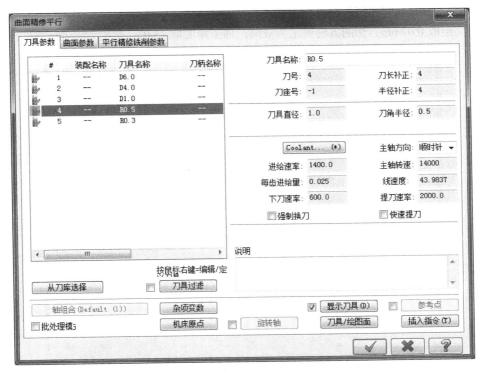

图 5-52　刀具参数

3）单击"曲面精修平行"对话框中"曲面参数"选项卡，参数设置如图 5-53 所示，加工面预留量设定为 0.01mm。这里无须设置检查面。

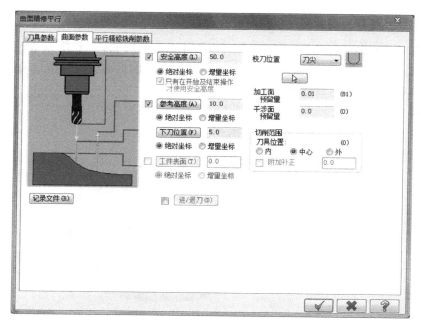

图 5-53　曲面参数

4）单击"曲面精修平行"对话框中"平行精修铣削参数"选项卡，参数设置如图 5-54 所示。最大切削间距取 0.02mm，切削方向设定为双向，加工角度取 45.0°。这里无须进行深度设置。

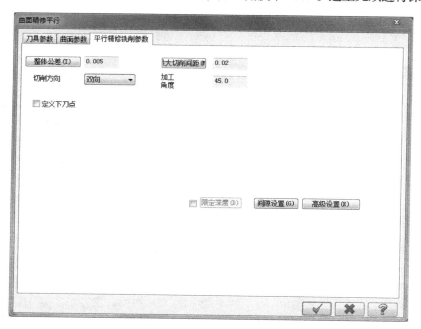

图 5-54　曲面精加工平行铣削刀路参数

5）单击对话框中"确定"按钮，单击 ✔ 按钮，系统生成如图 5-55 所示的曲面精加工平行铣削刀路。

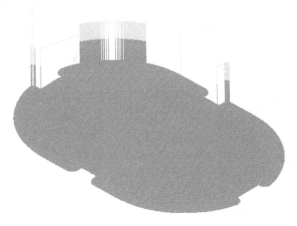

图 5-55　曲面精加工平行铣削刀路

6）按 <Alt+O> 组合键，系统弹出图 5-10 所示的刀路操作管理对话框。在"刀路 9- 曲面精修平行"的 <u>▤≋刀路</u> 图标上单击，出现路径模拟，模拟刀路，检查刀具铣削路径有无问题。

7）选择当前刀路，单击 ≋ 图标，使图标变成灰色，即关闭当前的刀路显示。然后关闭刀路操作管理对话框，按 <Ctrl+S> 键保存凸台零件文件。

5.4.10　选取 R0.3mm 球头合金刀，用曲面平行铣削刀路对两凸台进行精加工

1）单击选项卡中的"刀路"→"3D 平行"，产生曲面精加工平行铣削刀路。

2）选取图 5-51 所示的曲面按 <Enter> 键确认，在弹出的界面中再单击"确定"按钮，进入图 5-56 所示对话框，选取合适的刀具及刀具参数。

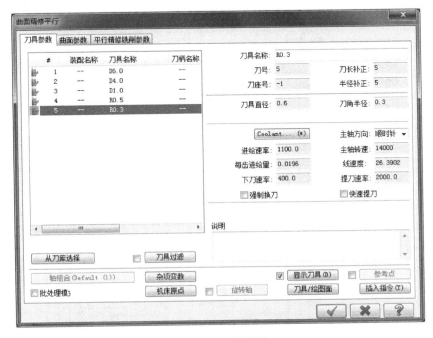

图 5-56　刀具参数

3）单击"曲面精修平行"对话框中"曲面参数"选项卡，参数设置如图 5-57 所示，加工面预留量取 0.0mm。这里无须设置检查面。

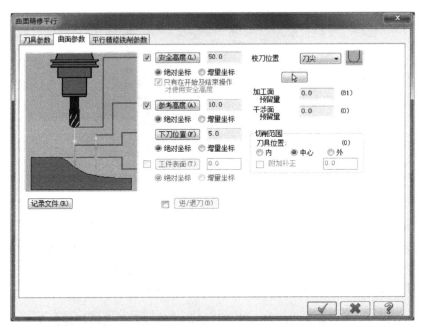

图 5-57　曲面参数

4）单击"曲面精修平行"对话框中"平行精修铣削参数"选项卡，参数设置如图 5-58 所示。最大切削间距取 0.02mm，切削方向设定为双向，加工角度取 −45.0°。这里无须进行深度设置。

图 5-58　曲面精加工平行铣削刀路参数

5）单击对话框中"确定"按钮系统生成图 5-59 所示的曲面精加工平行铣削刀路。

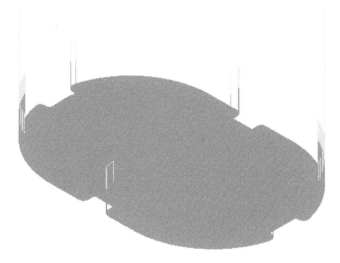

图 5-59　曲面精加工平行铣削刀路

6）按 <Alt+O> 组合键，系统弹出图 5-10 所示的刀路操作管理对话框。在"刀路 10- 曲面精修平行"的 刀路 图标上单击，出现路径模拟，模拟刀路，检查刀具铣削路径有无问题。

7）选择当前刀路，单击 ≈ 图标，使图标变成灰色，即关闭当前的刀路显示。然后关闭刀路操作管理对话框。按 <Ctrl+S> 键保存凸台零件文件。

8）在刀路操作管理对话框中选择所有要模拟的刀路，然后单击 图标进行实体加工模拟，在系统弹出的对话框中单击 ▶ 按钮，加工模拟效果如图 5-60 所示。

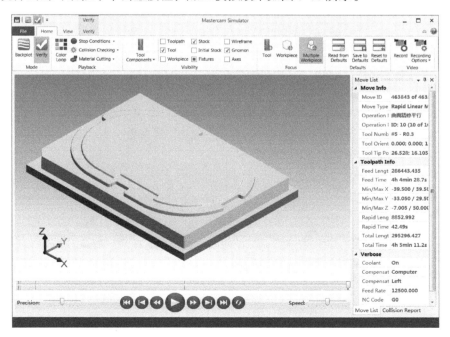

图 5-60　实体加工模拟效果图

第 2 篇

凹槽类零件的加工

第6章

凹槽的加工

6.1 零件结构分析

凹槽的实体图如图 6-1 所示，这是模具及机械加工中经常碰到的零件，零件的三维尺寸为 500mm×400mm×80mm，材料为 45 钢，具体尺寸见网上电子资源包。工件在数控加工前，利用立、卧铣和平面磨等通用设备先加工出 500mm×400mm×80mm 毛坯，要求保证上、下面的平行度及四周面之间的相互垂直度，选择相互垂直的三个面作为加工和定位的基准面，在机床上用压板装夹即可。

此零件结构尺寸较大，有较大的加工量，但加工简单，用普通机床加工也可以，若在数控机床上加工，可大大提高劳动效率，降低成本，保证产品质量。根据工厂的设备情况，制订如下的加工工艺。

1）用锯床锯出 505mm×405mm×82mm 的毛坯钢料。在普通铣床上加工出 500mm×400mm×80mm 的标准钢料。

2）用 2D 挖槽的加工刀路加工凹槽。

3）用 2D 外形加工刀路进行凹槽清角和外形精加工。

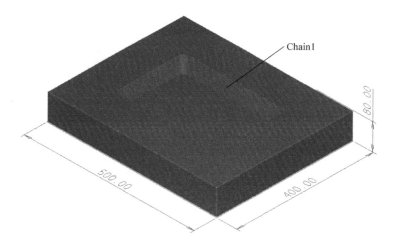

图 6-1 凹槽的实体图

6.2 刀路规划

1）零件的槽最小的圆角半径是 R15mm，故可选取 φ25mm 镶 R5mm 合金刀粒圆鼻刀，用

2D 挖槽刀路进行挖槽粗加工。X、Y 方向的加工余量为 0.2mm，Z 方向的加工余量为 0.0mm。

2）因为上一工序选用的是 R5mm 合金刀粒的刀具，留下了 R5mm 的残料要进行清角，这里选取 φ20mm 四刃平底刀，用外形刀路进行清角加工。X、Y 方向的加工余量为 0.2mm，Z 方向的加工余量为 0.0mm。

3）选取 φ20mm 四刃平底刀，用外形刀路对凹槽的边界进行外形精加工。X、Y、Z 方向的加工余量都为 0.0mm。

注意：对于此类大型零件的粗加工，要考虑加工时工件发热对公差的影响，如粗加工时选用的是 φ25mm 镶 R5mm 合金刀粒圆鼻刀，不能加切削液，要根据具体情况适时改变加工工艺，可以在第一步粗加工时在 Z 方向留下 0.2mm 的加工余量，然后增加一道工序，用限制加工深度方法对槽底面进行精加工。

6.3　图形准备

此零件结构较为简单，选择实体、面或 2D 外形功能都可以进行编程加工。简单起见，此处运用 2D 外形功能进行编程。绘图进行了分层管理，分为三个层：第一层绘制 2D 曲线，第二层绘制零件 3D 实体，第三层绘制零件的尺寸参数。编程时将坐标原点放在工件的中心处，Z 方向原点放在工件的底面，要对深度设置的概念有清晰的了解。

6.4　刀路参数设置

6.4.1　选取 φ25mm 镶 R5mm 合金刀粒圆鼻刀进行 2D 挖槽铣削粗加工

2D 挖槽加工是最常用的加工方式之一，主要用来切除封闭外形所包围的材料或切削出一个槽，槽的几何外形和中间的岛屿必须位于相同的构图平面上，如果挖槽加工时中间有岛屿要避开，设计时必须使岛屿的大小和间距大于刀具直径。

2D 挖槽加工时选择封闭的曲线来确定加工范围，常用于对凹槽特征的粗加工，限制加工深度可用于对平面的精加工。这里选用的合金刀具型号：Rpmw1003MO，刀具圆角半径为 R5mm，这种刀具适合重负荷切削，可使用较高的转速和进给量，加工效率高。

1）单击选项卡"刀路"→"2D 挖槽"，产生 2D 挖槽刀路。

2）选择图 6-1 所示的外形串连 (Z80)，无须拘泥于图形 Z 方向的尺寸，靠 Z 方向坐标来控制面加工的深度有时会很便利。单击 ✔ 按钮，进入图 6-2 所示的界面，选取合适的刀具及刀具参数。

3）单击 2D 挖槽刀路中"共同参数"及"切削参数"选项，铣削参数设置如图 6-3 与图 6-4 所示。"工件表面"设置为 80.0mm，"深度"设置为 30.0mm，槽挖深"参考高度"设置为 50.0mm。X、Y 方向加工余量为 0.2mm，Z 方向的加工余量为 0.0mm。

①挖槽加工方式：

- 标准型：通常采用的类型。仅切削定义凹槽内的材料，而不会对边界或岛屿的材料进行铣削。

- 刮面：主要用于基准面的粗加工。在加工过程中只保证加工出选择的表面，而不考虑是否会对边界外或岛屿的材料进行铣削。

- 岛屿刮面：当岛屿的高度低于零件的上表面时采用该加工方法最方便，它不会对边界外进行铣削，但可以将岛屿铣削至设置的深度。

- 残料加工：当加工方法选择不合适或刀具选择过大时，挖槽加工完成后，槽中一般有残留表面没有加工到，可以采用本选项去掉残留表面。
- 非封闭轮廓挖槽加工。

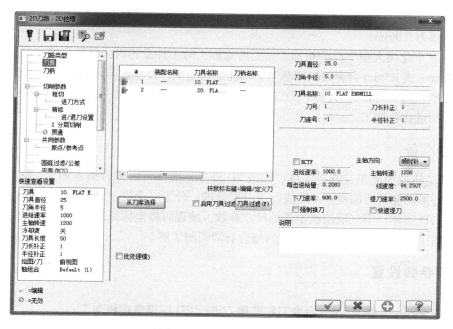

图 6-2 2D 挖槽刀具参数

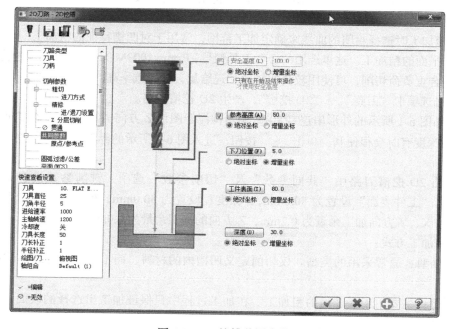

图 6-3 2D 挖槽共同参数

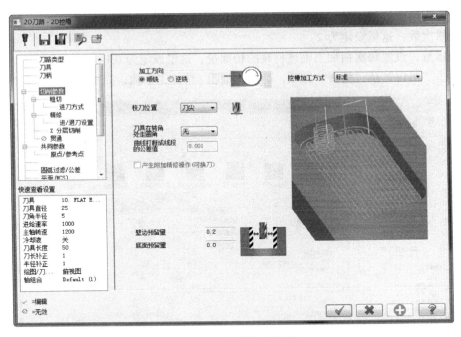

图 6-4　2D 挖槽切削参数

② 加工方向：

- 顺铣：指刀具的旋转方向和机床的移动方向相同。
- 逆铣：指刀具的旋转方向和机床的移动方向相反。

4）单击"Z 分层切削"选项，切削深度的设置如图 6-5 所示。

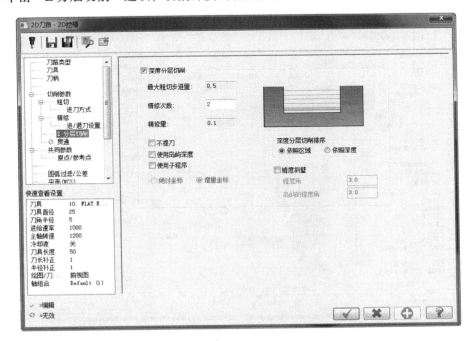

图 6-5　切削深度参数

- 最大粗切步进量：设置 Z 轴上每次切除材料的最大值，这里设定为 0.5mm。
- 精修次数：这里设定为 2。
- 精修量：设置每次精加工毛坯材料的切削量，这里设定为 0.1mm。

5）单击"粗切"及"精修"选项，确定挖槽粗/精加工参数，如图 6-6 与图 6-7 所示。

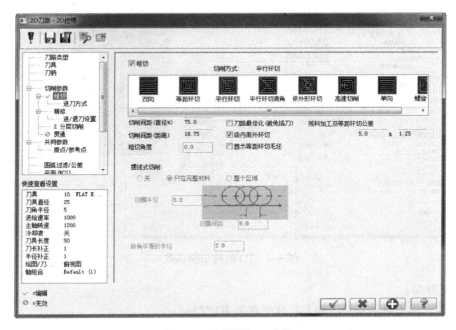

图 6-6　挖槽粗加工参数

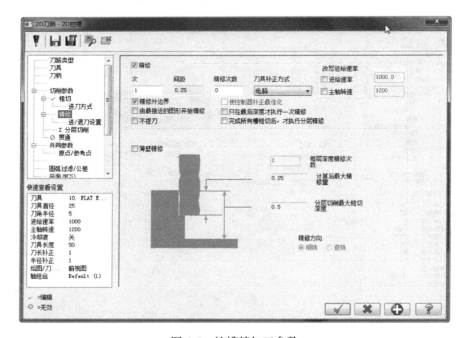

图 6-7　挖槽精加工参数

对话框中可以设置粗加工的切削方式、刀具重叠占有的百分比、粗切角度、切削方向是由轮廓内向外还是由外向内等。对于精加工，可以设置精加工次数、精加工的精修量和精加工的导入、导出方式及精加工参数等。

① 粗加工参数设置包括以下内容。

- 　Zigzag：直线运动双向铣削。
- 　Constant overlap spiral：等距重叠螺旋线铣削。
- Parallel spiral：平行螺旋线铣削。
- Parallel Spiral, clean corners：平行环绕，清角铣削。
- Morph Spiral：依外形环状铣削。
- True Spiral：螺旋铣削。
- One Way：单向铣削。
- Spiral inside to outside：螺旋铣削从内至外进行加工。
- Stepover percentage：切削间距（百分率），这里设置为 75%。
- Stepover distance：切削间距（距离），设置为 18.75mm。
- Minimize tool burial：刀具插入最小切削量。

② 精加工参数设置包括以下内容。

- 　一次：此处设置为 1。
- Spacing：精加工余量，此处设置为 0.25mm。
- Finish outer boundary：精修外边界，若勾选该项，内腔和岛屿接受一次精加工。
- Start finish pass at closest entity：在封闭图形中启动精加工。
- Keep tool down：保持刀具向下铣削。
- Machine finish passes only at final depth：机床只在最后深度精加工，多用于多次挖槽铣削。
- Machine finish passes after roughing all pockets：粗加工所有内腔后再精加工。

6）单击"进刀方式"选项，设置螺旋下刀参数，如图 6-8 所示。螺旋下刀参数设置包括如下内容。

- Minimum radius：最小螺旋线进刀半径。
- Maximum radius：最大螺旋线进刀半径。
- Z clearance：开始进入螺旋下刀距离毛坯上面的安全高度。
- XY clearance：螺旋线进刀距离 X、Y 的最小距离。
- Plunge angle：螺旋线进刀下降的角度。
- Output arc move：输出圆弧移动是编写进刀螺旋线作为弧导入后处理 NCI 文件中。
- Tolerance：较小的公差产生更精密的进刀螺旋线，但需要较长的生成时间，并生成较大的 NC 文件。
- Center on entry point：在进刀点中心进刀。
- Direction：设置进刀螺旋线的切削方向。
- If all entry attempts fail：若所有进入的试图都失败。
- Plunge：在挖槽刀路的起点直接插入工件。
- Skip：跳过，移动至下一个挖槽刀路。
- Save skipped boundary：存储跳跃的边界。

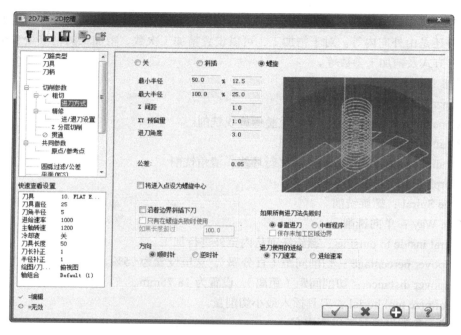

图 6-8　螺旋下刀参数

此处无须设置进、退刀参数。

7）单击对话框中 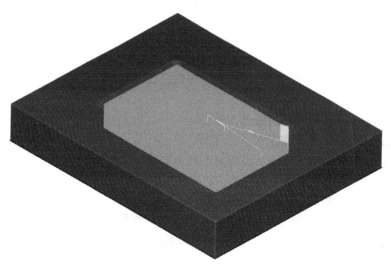 按钮，系统生成图 6-9 所示的曲面挖槽刀路。

图 6-9　2D 挖槽刀具路径

8）按 <Alt+O> 组合键，打开刀路操作管理对话框，单击"机床群组属性"→"毛坯设置"选项卡，参数设置如图 6-10 所示。

9）再次按 <Alt+O> 组合键，系统弹出图 6-11 所示的刀路操作管理对话框。在"刀路 1-2D 挖槽（标准）"的 刀路 图标上单击，出现路径模拟，模拟刀路，检查刀具铣削路径有无问题。

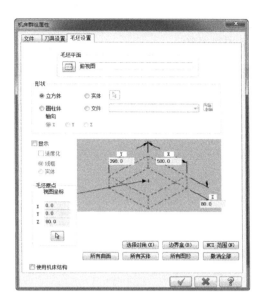

图 6-10　毛坯参数设置对话框

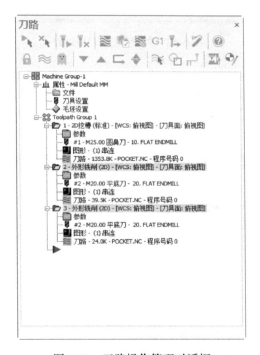

图 6-11　刀路操作管理对话框

10）选择当前刀路，单击 ≋ 图标，使图标变成灰色，即关闭当前的刀路显示。然后按 <Esc> 键关闭刀路操作管理对话框，按 <Ctrl+S> 键保存凹槽文件。

6.4.2　选取 φ20mm 四刃平底白钢刀，用 2D 外形刀路进行清角加工

1）单击选项卡中的"刀路"→"2D 外形"命令，产生铣削刀路。

2）单击 按钮，选取图 6-1 所示凹槽实体图中的 Chain1。单击 ✓ 按钮，进入图 6-12 所示界面，选取合适的刀具及刀具参数。

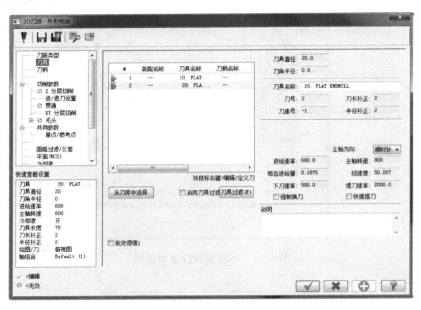

图 6-12　外形加工刀具参数

3）单击外形铣削刀路对话框中"共同参数"及"切削参数"选项，参数设置如图 6-13 与图 6-14 所示。X、Y 方向的加工余量为 0.2mm，Z 方向的加工余量上一工序已经加工到 0.0mm，这里要注意的是"工件表面"和"深度"都设置为绝对尺寸 30.0mm，因为所选的 Chain1 在高度 Z80.mm，而要加工的外形在 Z30.0mm 不受影响。

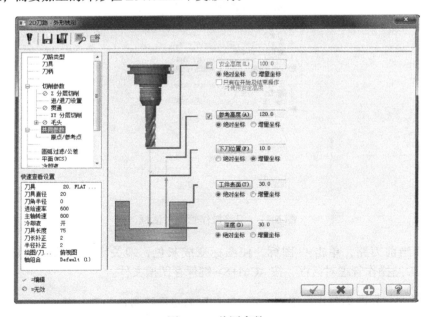

图 6-13　共同参数

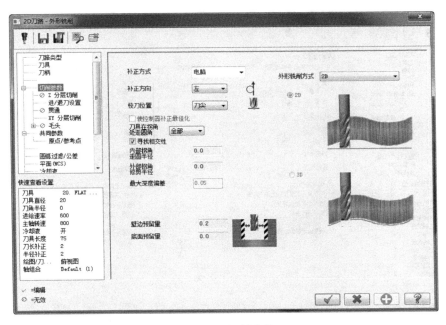

图 6-14 切削参数

4）单击"XY 分层切削"选项，设置外形多层铣削参数，如图 6-15 所示。前面留有 0.2mm 加工余量。这里分 5 步进行外形铣削加工，粗切间距取 0.3mm，精修间距取 0.1mm。

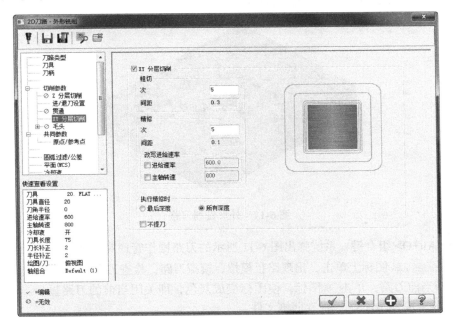

图 6-15 多层铣削参数

5）单击"进 / 退刀设置"选项，设置刀具进刀、退刀的路径参数，如图 6-16 所示。这里取消了直线进刀的设置。

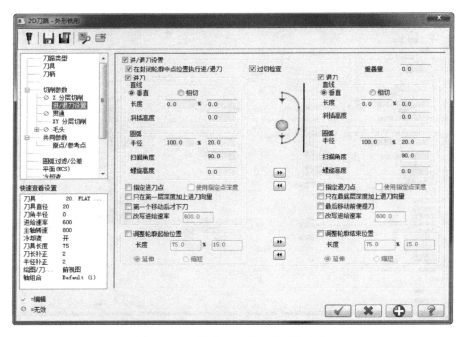

图 6-16　刀具进刀、退刀的路径参数

6）因为都是在 Z30 的平面上进行加工，所以不必设置切削深度，单击对话框中"确定"按钮，系统生成图 6-17 所示的外形铣削刀路。

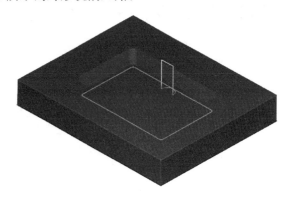

图 6-17　外形铣削刀路

7）按 <Alt+O> 组合键，系统弹出图 6-11 所示的刀路操作管理对话框。在"刀路 2- 外形铣削"（2D）的 ▨ 刀路 图标上单击，出现路径模拟，模拟刀路，检查刀具铣削路径有无问题。

8）选择当前刀路，单击 ≈ 图标，使图标变成灰色，即关闭当前的刀路显示。然后关闭刀路操作管理器，按 <Ctrl+S> 键保存凹槽文件。

6.4.3　选取 Φ20mm 四刃平底刀，用外形刀路精加工凹槽的外形

1）单击选项卡中的"刀路"→"2D 外形"命令，产生铣削刀路。

2）单击 ▨▨▨ 按钮，选取图 6-1 中的 Chain1。单击 ✔ 按钮，刀具及刀具参数设置同上一

步工序。

3）单击外形铣削刀路中"共同参数""切削参数"选项，参数设置如图 6-18 与图 6-19 所示。这里"工件表面"设置为 80.0mm，"深度"设置为 30.0mm，表明加工深度有 50.0mm，X、Y、Z 三方向的加工余量都为 0.0mm。

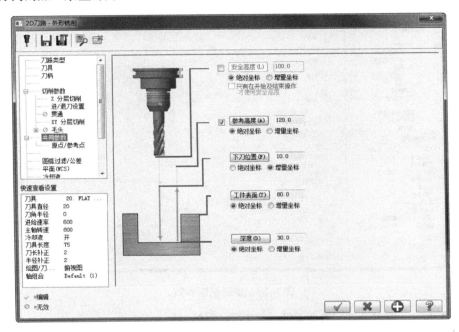

图 6-18　共同参数

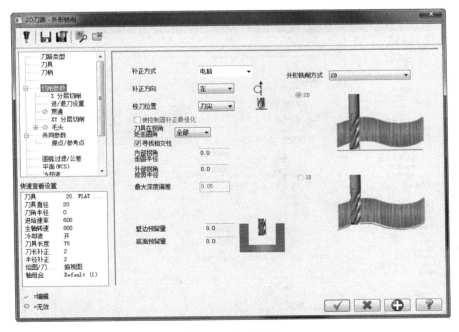

图 6-19　切削参数

4）单击"XY 分层切削"选项，设置外形多层铣削参数，如图 6-20 所示。前面留有的 0.2mm 加工余量，这里分两步进行外形精加工，每步取 0.1mm。

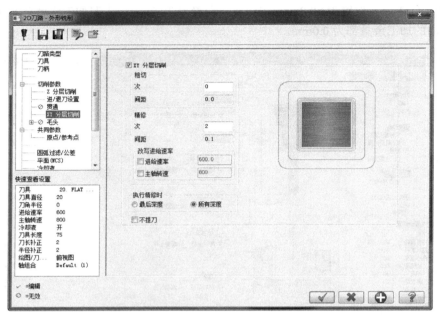

图 6-20　多层铣削参数

5）刀具进刀、退刀的路径参数和上一工序设置的一样。

6）单击"Z 分层切削"选项，进行切削深度的设置，如图 6-21 所示。总加工深度为 50.0mm，最大粗切步进量取 20.0mm，分 3 刀进行精加工。

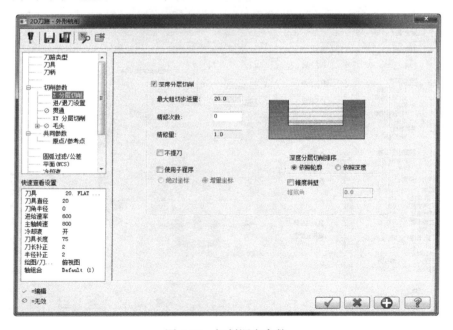

图 6-21　切削深度参数

7）单击对话框中 按钮，系统生成图 6-22 所示的外形铣削刀路。

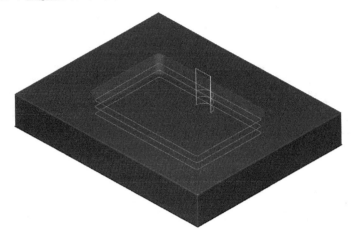

图 6-22 外形铣削刀路

8）按 <Alt+O> 组合键，系统弹出图 6-11 所示的刀路操作管理对话框。在"刀路 3- 外形铣削（2D）"的 刀路 图标上单击，出现路径模拟，模拟刀路，检查刀具铣削路径有无问题。

9）选择当前刀路，单击 ≈ 图标，使图标变成灰色，即关闭当前的刀路显示。然后关闭刀路操作管理对话框，按 <Ctrl+S> 键保存凹槽文件。

10）再按 Alt+O 组合键，系统弹出图 6-11 所示的刀路操作管理对话框。

11）在刀路操作管理器中选择所有要模拟的刀路，然后单击 图标，进行实体加工模拟，在系统弹出的对话框中单击 按钮，加工模拟效果如图 6-23 所示。

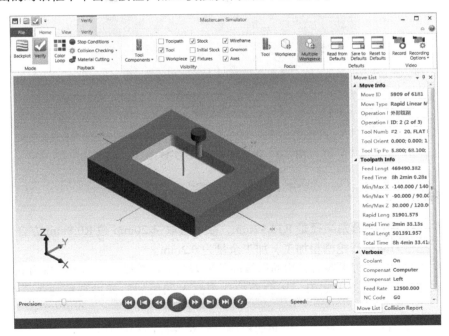

图 6-23 实体加工模拟效果图

第 7 章

锥度凹槽的加工

7.1 零件结构分析

  锥度凹槽的 3D 实体图如图 7-1 所示,这是五金塑料模具加工中经常碰到的型腔类零件。零件的三维尺寸为 400mm×300mm×100mm,材料为 45 钢,凹槽深 60mm,有 15° 锥度,凹槽内部最小圆弧半径为 R13.92mm,底部有一高 5.0mm、10° 锥度的小凸台。具体尺寸见网上电子资源包。工件在数控加工前,前面的工序已经磨削加工好 6 个面,选择相互垂直的底面和两侧面作为定位的基准面,用压板装夹。此零件的加工技术含量不高,但加工量较大,在数控机床上加工可大大提高劳动效率,保证产品质量。根据本厂的设备情况,制订如下的加工工艺。

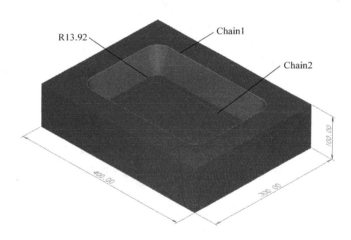

图 7-1　锥度凹槽的 3D 实体图

7.2 刀路规划

  1)零件的槽最小的圆角半径是 R13.92mm,故可选取 φ20mm 镶 R0.8mm 方合金刀粒的圆鼻刀,用 3D 挖槽刀路进行挖槽粗加工,加工余量为 0.2mm。

  2)选取 φ16mm 四刃平底刀,用曲面等高外形刀路进行精加工,加工余量为 0.0mm。

  3)选取 φ16mm 四刃平底刀,用曲面挖槽刀路对凹槽的底部进行精加工,加工余量为 0.0mm。

  4)选取 φ16mm 四刃平底刀,用曲面挖槽刀路对底部凸台的顶部进行精加工,加工余量为 0.0mm。

7.3　图形准备

此零件结构较为简单，选择实体、曲面功能都可以进行编程加工。鉴于 Mastercan 实体的功能还不是很完善，建议在绘图编程时多运用曲面功能，将坐标原点放在工件的中心处，Z 方向原点放在工件的底面。绘制边界曲线 Chain1 作为粗加工的边界，用 offset contour（偏置轮廓）功能将小凸台的轮廓边界向外扩展 12mm 绘制 Chain2，作为精加工小凸台顶面的边界。绘图进行了分层管理，分为 4 个层：第 1 层绘制了加工外形和刀具边界的 2D 曲线，第 2 层绘制了零件的 3D 曲面，第 3 层绘制了零件 3D 实体，第 4 层标注了零件的尺寸参数。

7.4　刀路参数设置

7.4.1　选取 φ20mm 镶 R0.8mm 方合金刀粒圆鼻刀进行 3D 挖槽粗加工

3D 挖槽加工是最常用的粗加工方式之一，它能够根据曲面形态自动选取不同的刀具运动轨迹，分层清除曲面与加工范围之间的所有材料，刀具切削负荷均匀，加工效率高，常常作为第一步粗加工的首选方案。选用的合金刀粒型号：APMT1135PDER，刀粒圆角半径 R0.8mm，这种刀粒适合重负荷切削，可使用较高的转速和进给量，加工效率高。

1）单击选项卡中的"刀路"→"3D 粗切挖槽"，产生曲面挖槽刀路。

2）选取加工曲面，按 <Enter> 键确认，在弹出的界面中再单击"确定"，进入图 7-2 所示对话框，选取合适的刀具及刀具参数。

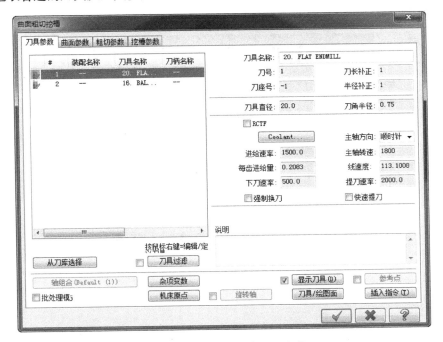

图 7-2　曲面挖槽刀路刀具参数

3）单击曲面粗切挖槽对话框中的"曲面参数"选项卡，曲面参数设置如图 7-3 所示。加工预留量取 0.3mm。

数控铣削加工案例详解

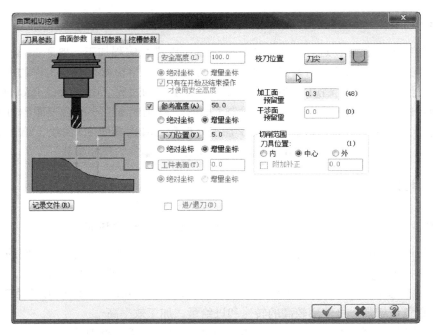

图 7-3　曲面参数

4）单击曲面粗切挖槽对话框中的"粗切参数"选项卡，粗加工参数设置如图 7-4 所示。Z 最大步进量取 0.5mm。

图 7-4　曲面粗加工参数

5）在图 7-4 中单击"螺旋进刀"按钮，螺旋进刀参数设置如图 7-5 所示。

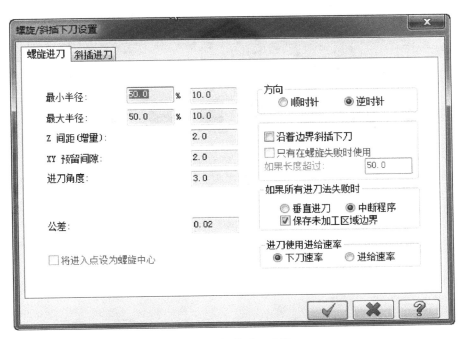

图 7-5　螺旋进刀参数

6）在图 7-4 中单击"切削深度"按钮，切削深度的设置如图 7-6 所示。切削深度为所有的粗加工刀路和精加工轮廓路径设定特定的 Z 轴的切削位置。

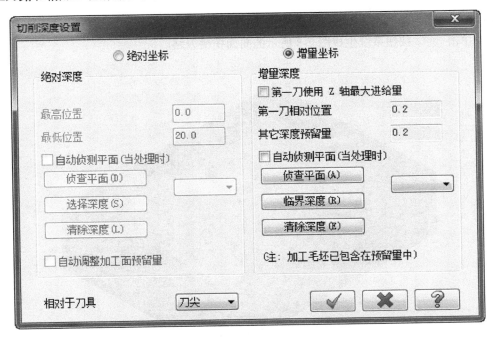

图 7-6　切削深度参数

7）在"曲面粗切挖槽"对话框中单击"挖槽参数"选项卡，挖槽参数设置如图 7-7 所示。

切削方式选择"平行环切"。

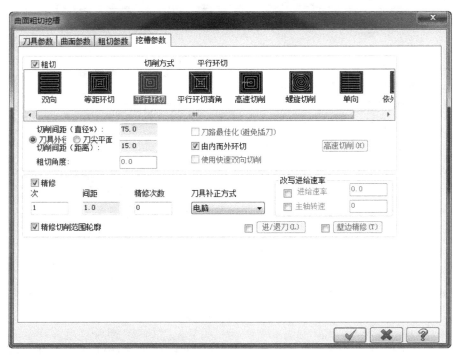

图 7-7　挖槽参数

8）单击对话框中"确定"按钮 ✓，系统提示"选择刀路范围限定框"，选择图 7-1 中的 Chain1，单击 ✓ 按钮系统生成图 7-8 所示的曲面挖槽刀路。

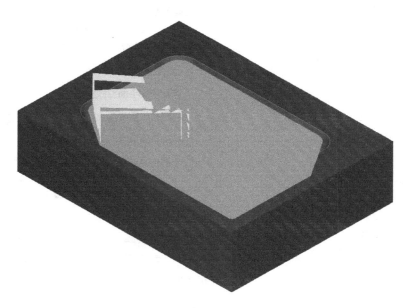

图 7-8　曲面挖槽刀路

9）按 <Alt+O> 组合键，打开刀路操作管理对话框，单击"机床群组属性"→"毛坯设置"选项卡，参数设置如图 7-9 所示。

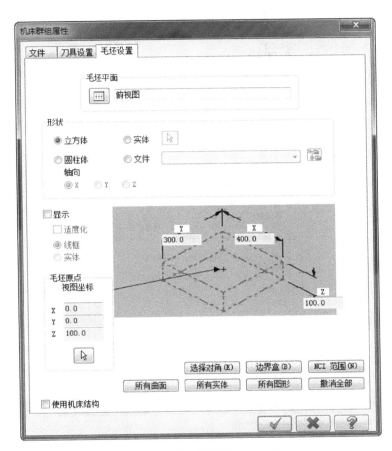

图 7-9　毛坯参数设置对话框

10）再次按 <Alt+O> 组合键，系统弹出图 7-10 所示的刀路操作管理对话框。在"刀路 1- 曲面粗切挖槽"的 刀路 图标上单击，出现路径模拟，模拟刀路，检查刀具铣削路径有无问题。

11）选择当前刀路，单击 ≈ 图标，使图标变成灰色，即关闭当前的刀路显示。然后关闭刀路操作管理对话框，按 <Ctrl+S> 键保存锥度凹槽文件。

7.4.2　选取 φ16mm 四刃平底刀，用等高外形刀路对前模曲面半精加工

1）单击选项卡中的"刀路"→"3D 精修等高"，产生等高外形刀路。

2）选取加工曲面，按 <Enter> 键确认，在弹出的界面中再单击"确定"，进入图 7-11 所示对话框，选取合适的刀具及刀具参数。

3）在"曲面精修等高"对话框中单击"曲面参数"选项卡，曲面参数设置如图 7-12 所示，加工余量设置为 0.0mm。

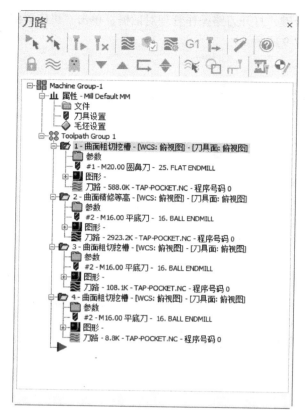

图 7-10 刀路操作管理对话框

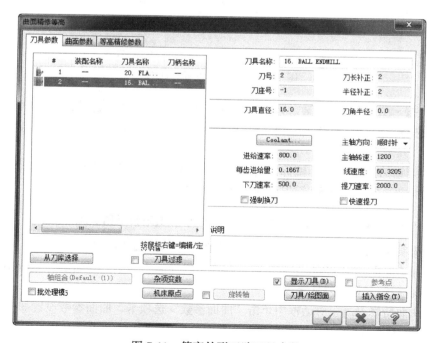

图 7-11 等高外形刀路刀具参数

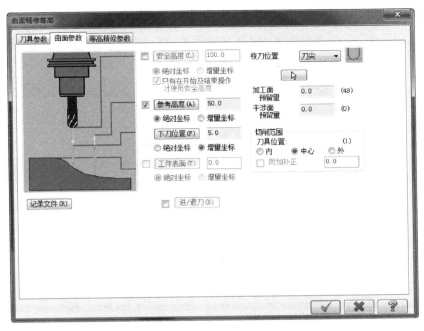

图 7-12　曲面参数

4）在"曲面精修等高"对话框中单击"等高精修参数"选项卡，参数设置如图 7-13 所示。
Z 最大步进量取 0.15mm。

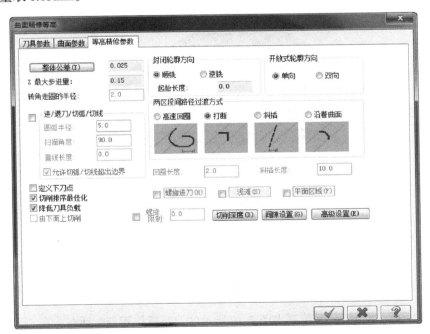

图 7-13　等高精修参数

5）在图 7-13 中单击"切削深度"选项卡，切削深度的设置如图 7-14 所示。此处选择增量坐标，槽底部的最小尺寸大于 20mm，故此处粗、精加工可以加工到同一深度。

图 7-14　切削深度参数

6）单击对话框中"确定"按钮，系统提示"选择刀路范围限定框"，选择图 7-1 中的 Chain1，单击 ✓ 按钮系统生成图 7-15 所示的曲面等高外形刀路。

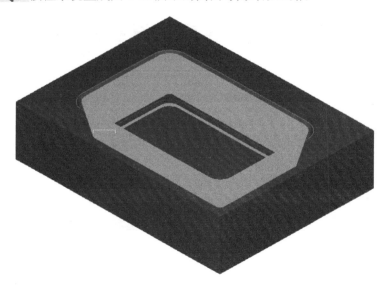

图 7-15　曲面等高外形刀路

7）按 <Alt+O> 组合键，系统弹出图 7-10 所示的刀路操作管理对话框。在"刀路 2- 曲面精修等高"的 ≋刀路 图标上单击，出现路径模拟，模拟刀路，检查刀具铣削路径有无问题。

8）选择当前刀路，单击 ≈ 图标，使图标变成灰色，即关闭当前的刀路显示。然后关闭刀路操作管理对话框，按 <Ctrl+S> 键保存锥面凹槽文件。

7.4.3 选取 φ16mm 四刃平底刀，用曲面挖槽刀路对凹槽的底部进行精加工

因为前面加工留下了 0.3mm 的加工余量，但工件较硬，要采用螺旋下刀方式才能加工到工件底部且不伤刀具，所以这里选用曲面挖槽刀路对底面进行精加工。

1）单击选项卡中的"刀路"→"3D 粗切挖槽"，产生曲面挖槽刀路。

2）选取加工曲面，按 <Enter> 键确认，在弹出的界面中再单击"确定"，进入"曲面粗切挖槽"对话框设置。选取合适的刀具及刀具参数。

3）单击"曲面粗切挖槽"对话框中"曲面参数"选项卡，曲面参数设置同前。加工余量设置为 0.0mm。

4）单击"曲面粗切挖槽"对话框中"粗切参数"选项卡，粗加工参数设置如图 7-16 所示。Z 最大步进量设置为 0.05mm。

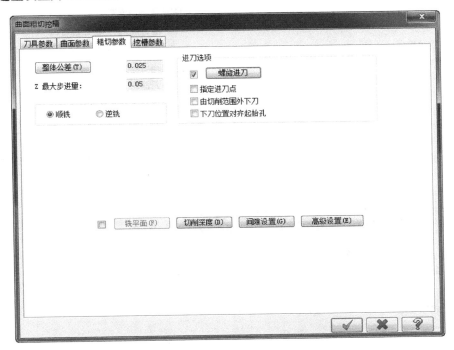

图 7-16　粗加工参数

5）单击对话中"螺旋进刀"选项卡，螺旋下刀参数设置如图 7-17 所示。

6）单击"切削深度"按钮，切削深度的设置如图 7-18 所示。此处将"最高位置"设置为40.3mm，"最低位置"设置为 40.0mm，精加工凹槽底部。

7）单击曲面粗切挖槽对话框中"挖槽参数"选项卡，挖槽参数如图 7-19 所示。

8）单击对话框中"确定"按钮，系统提示"选择刀路范围限定框"，选择图 7-1 中的Chain1，单击 Done ✓ 按钮，系统生成图 7-20 所示的曲面挖槽刀路。

9）按 <Alt+O> 组合键，系统弹出图 7-10 所示的刀路操作管理对话框。在"刀路 3- 曲面粗切挖槽"的 刀路 图标上单击，出现路径模拟，模拟刀路，检查刀具铣削路径有无问题。

10）选择当前刀路，单击 ≋ 图标，使图标变成灰色，即关闭当前的刀路显示。然后关闭刀路操作管理对话框，按 <Ctrl+S> 键保存锥度凹模文件。

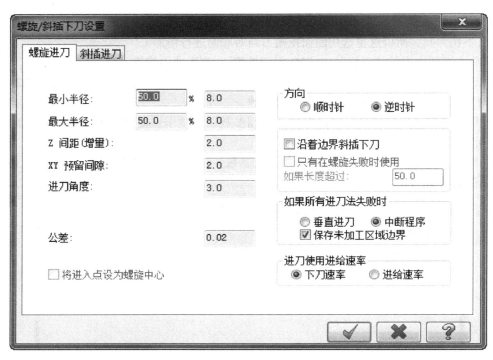

图 7-17　螺旋下刀参数

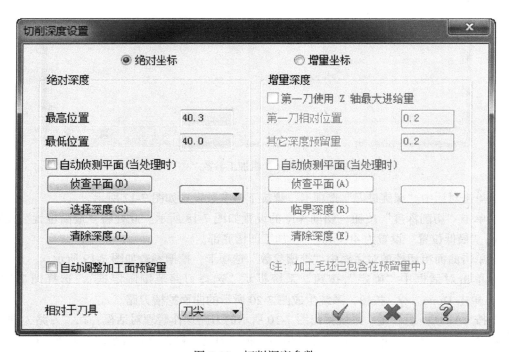

图 7-18　切削深度参数

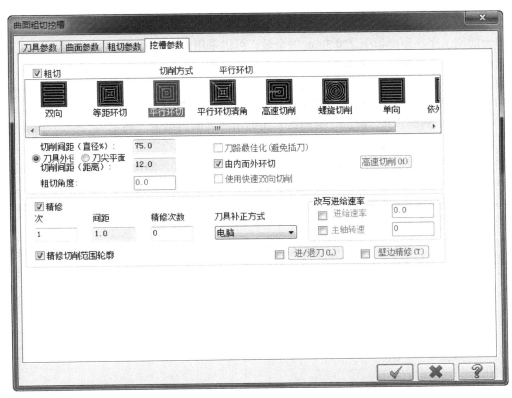

图 7-19　挖槽参数

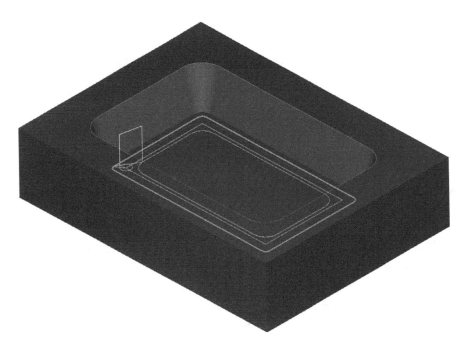

图 7-20　曲面挖槽刀路

7.4.4 选取 Φ16mm 四刃平底刀，用曲面挖槽刀路对底部凸台的顶部进行精加工

因为前面工序在顶部留下了 0.3mm 的余量，可以采用多种方法进行精加工顶部，这里选用曲面挖槽刀路进行精加工。用偏移轮廓功能将小凸台的轮廓边界向外扩展 12mm 绘制 Chain2，作为精加工的边界。

1）单击选项卡中的"刀路"→"3D 粗切挖槽"，产生曲面挖槽刀路。

2）选取加工曲面，按 <Enter> 键确认，在弹出的界面再单击"确定"，进入"曲面粗切挖槽"对话框，设置选择合适的刀具及刀具参数。

3）单击"曲面粗切挖槽"对话框中"曲面参数"选项卡，曲面参数设置同前。加工余量设置为 0.0mm。

4）单击"曲面粗切挖槽"对话框中"粗切参数"选项卡，粗加工参数设置如图 7-21 所示。Z 最大步进量设置为 0.01mm（一刀切削）。

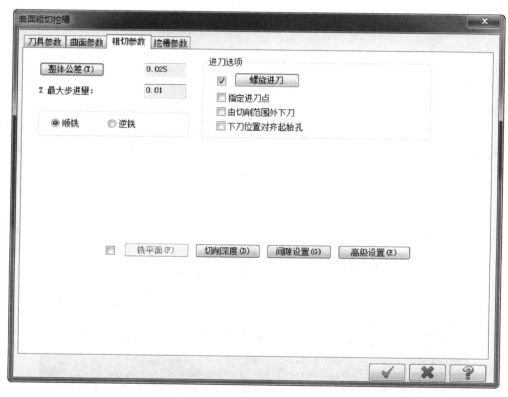

图 7-21　粗加工参数

5）单击对话中"螺旋进刀"选项卡，螺旋下刀参数设置如图 7-22 所示。因为在凸台的顶部下刀，所以要采用螺旋下刀。

6）单击"切削深度"按钮，切削深度的设置如图 7-23 所示。此处将"最高位置"和"最低位置"都设置为 45.0mm（这种方法是精加工平面中常用的一种刀路）。

7）单击曲面粗切挖槽对话框中"挖槽参数"选项卡，挖槽参数如图 7-24 所示。

8）单击对话框中"确定"按钮，系统提示"选择刀路范围限定框"，选择图 7-1 中的 Chain2，单击 ✔ 按钮，系统生成图 7-25 所示的曲面挖槽刀路。

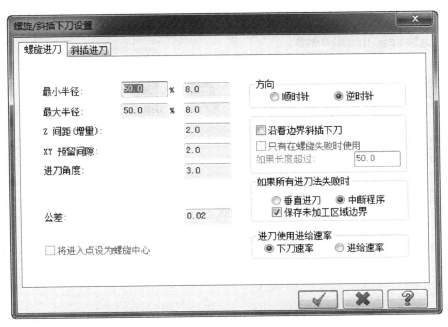

图 7-22 螺旋下刀参数

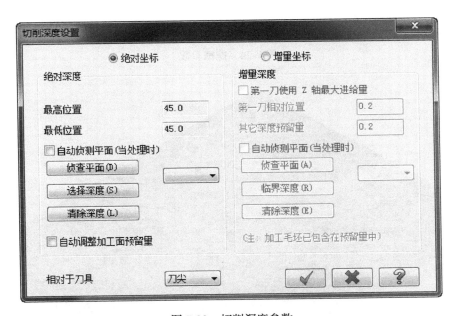

图 7-23 切削深度参数

9）按 <Alt+O> 组合键，系统弹出图 7-10 所示的刀路操作管理对话框。在"刀路 4- 曲面粗切挖槽"的 图标上单击，出现路径模拟，模拟刀路，检查刀具铣削路径有无问题。

10）选择当前刀路，单击 ≈ 图标，使图标变成灰色，即关闭当前的刀路显示，然后关闭刀路操作管理对话框，按 <Ctrl+S> 键保存锥度凹模文件。

图 7-24　挖槽参数

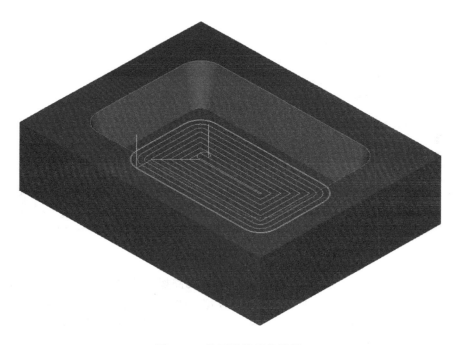

图 7-25　曲面挖槽刀具路径

11）再次按 <Alt+O> 组合键，系统弹出图 7-10 所示的刀路操作管理对话框。选择所有要模拟的刀路，然后单击 图标，进行实体加工模拟，在系统弹出的对话框中单击 按钮，加工模拟效果如图 7-26 所示。

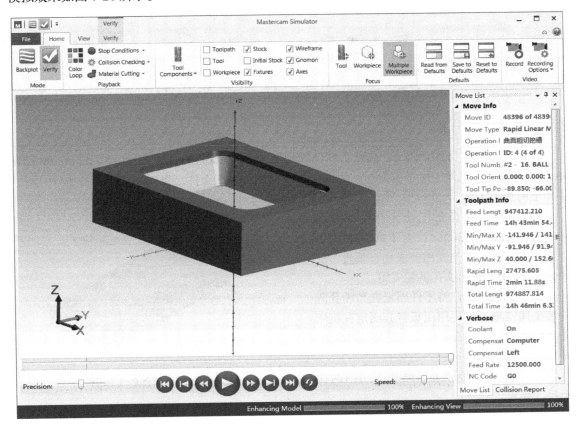

图 7-26　实体加工模拟效果图

第8章

凹面零件的加工

8.1 零件结构分析

凹面零件的实体图如图 8-1 所示，零件三维尺寸为 404.8mm×139.8mm×30.0mm，材料为 45 钢，具体尺寸见网上电子资源包。零件的数量只要求生产 2 件，根据本厂的设备条件，制订了如下的加工工艺：

1）用普通设备加工出毛坯，尺寸为 405mm×140mm×30mm，上下底面磨削加工至尺寸要求，其他四面要求相互垂直。底面钻 4 个 M16 的螺纹孔供装夹用。

2）用 M16 螺钉将零件固定在布满孔阵的装夹固定板上，再用压板将其固定在机床的工作台。用 3D 曲面加工刀路加工中间的凹面。

3）用 2D 外形加工刀路加工周围四面至尺寸要求。

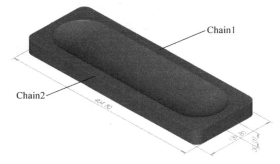

图 8-1 凹面零件的实体图

8.2 刀路规划

1）选取 φ25mm 镶 R5mm 合金刀粒圆鼻刀，用 3D 挖槽刀路对中间的凹面进行挖槽粗加工，加工余量为 0.3mm。

2）选取镶 R8mm 合金（规格：P3200-D16）球头刀，用平行铣削刀路精加工凹面，加工余量为 0.0mm。

3）选取 φ25mm 镶 R5mm 合金刀粒圆鼻刀，用 2D 外形刀路加工零件的外形。XY 方向的加工余量为 0.3mm，Z 方向的加工余量为 0.0mm。

4）选取 φ16mm 四刃平底刀，用外形刀路对零件的外形进行精加工，XYZ 方向加工余量都为 0.0mm。对刀时，可将 Z 方向的对刀零点提高 0.1mm，避免铣削碰到夹具。

8.3 图形准备

此零件结构不复杂，用曲面功能绘制 3D 实体图，并绘制 2D 曲线。绘图进行了分层管理，分为三个层：第一层绘制了 2D 曲线，第二层绘制了零件 3D 曲面，第三层绘制了零件的尺寸参数。编程时将坐标原点放在工件毛坯的中心处，顶面 Z 方向尺寸为 0.0mm。

8.4　刀路参数设置

8.4.1　选取 φ25mm 镶 R5mm 合金刀粒圆鼻刀，用 3D 挖槽刀路对中间的凹面进行挖槽粗加工

1）单击选项卡中的"刀路"→"3D 粗切挖槽"，产生曲面挖槽刀路。

2）选取加工曲面按 <Enter> 键确认，在弹出的界面中再单击"确定"，进入图 8-2 所示对话框，选取合适的刀具及刀具参数。

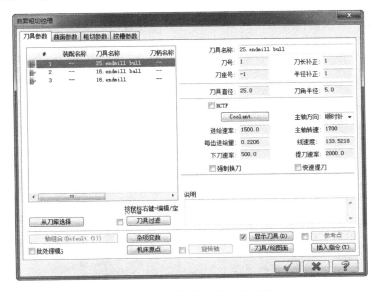

图 8-2　曲面挖槽刀路刀具参数

3）在"曲面粗切挖槽"对话框中单击"曲面参数"选项卡，曲面参数设置如图 8-3 所示，加工余量设置为 0.5mm。

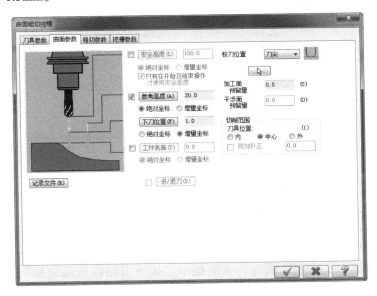

图 8-3　曲面参数

4）然后单击"粗切参数"选项卡，粗加工参数设置如图8-4所示。Z最大步进量设置为0.4mm。

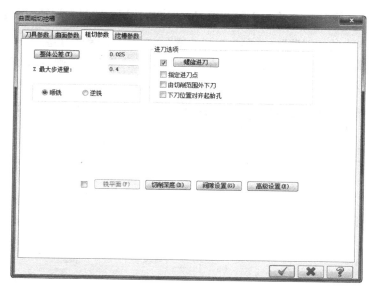

图8-4　曲面粗加工参数

5）在图8-4中单击"螺旋进刀"按钮，螺旋下刀参数设置如图8-5所示。

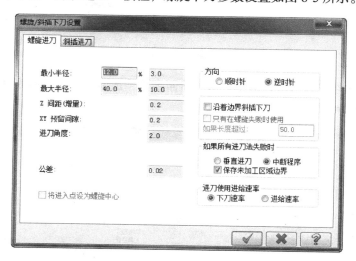

图8-5　螺旋下刀参数

6）在图8-4中单击"切削深度"按钮，切削深度的设置如图8-6所示。采用绝对坐标，最高位置设置为−0.2mm，最低位置设置为−15.0mm，加工深度是15.8mm。

7）在"曲面粗切挖槽"对话框中单击"挖槽参数"选项卡，挖槽参数设置如图8-7所示。切削方式选择平行环切。

8）单击对话框中"确定"按钮，系统提示"选择刀路范围限定框"，选择图8-1中的Chain1，单击 ✔ 按钮，系统生成图8-8所示的曲面挖槽刀路。

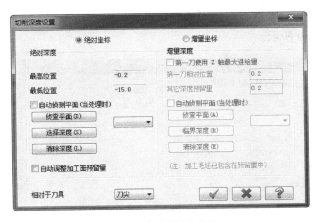

图 8-6　切削深度参数

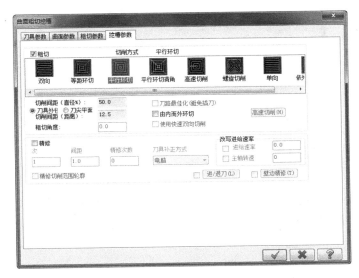

图 8-7　挖槽参数

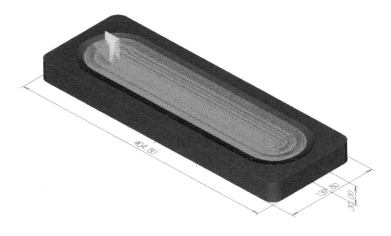

图 8-8　曲面挖槽刀具路径

9）按 <Alt+O> 组合键，打开刀路操作管理器，单击"机床群组属性"→"毛坯设置"选项卡，参数设置如图 8-9 所示。

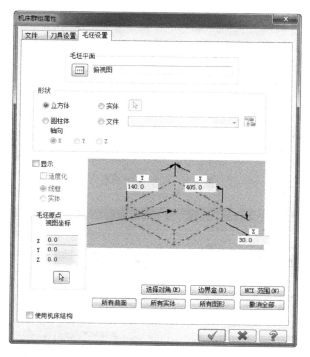

图 8-9　毛坯参数设置对话框

10）按 <Alt+O> 组合键，系统弹出图 8-10 所示的刀路操作管理对话框。在"刀路 1- 曲面粗切挖槽"的 刀路 图标上单击，出现路径模拟，模拟刀路，检查刀具铣削路径有无问题。

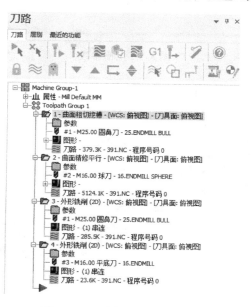

图 8-10　刀路操作管理对话框

11）选择当前刀路，单击 ≈ 图标，使图标变成灰色，即关闭当前的刀路显示。然后关闭刀路操作管理对话框，按 <Ctrl+S> 键保存凹面零件文件。

8.4.2　选取镶 R8mm 合金（规格：P3200-D16）球头刀，用平行铣削刀路精加工凹面

1）单击选项卡中的"刀路"→"3D 精修 平行"，产生曲面精加工平行铣削刀路。

2）选取凹面，进入图 8-11 所示的界面，选取合适的刀具及刀具参数。

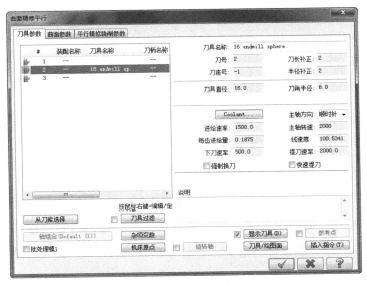

图 8-11　刀具参数

3）单击"曲面参数"选项卡，参数设置如图 8-12 所示。加工面预留量取 0.1mm。这里要设置检查面，避免加工时误伤及已加工好的面。有时为了更安全地保护已加工好的面，可以将检查面升高 0.2mm 作为新检查面。

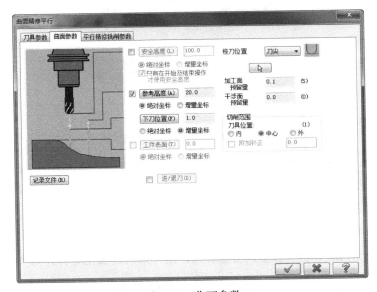

图 8-12　曲面参数

4）单击"平行精修铣削参数"选项卡，参数设置如图 8-13 所示。

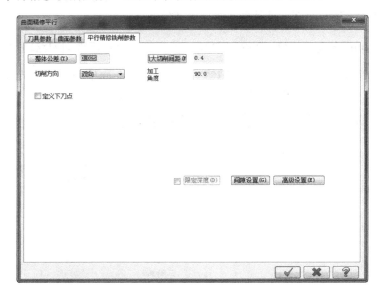

图 8-13　曲面平行精修铣削参数

5）单击对话框中"确定"按钮，系统提示"选择刀路范围限定框"，选择图 8-1 中的 Chain1，及选择顶平面作为检查面，单击　✔　按钮，系统生成图 8-14 所示的曲面精加工平行铣刀路。

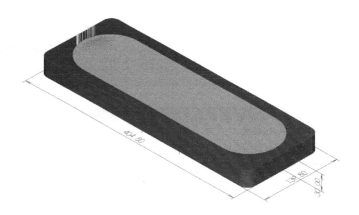

图 8-14　曲面精加工平行刀具路径

6）按 <Alt+O> 组合键，系统弹出图 8-10 所示的刀路操作管理对话框。在"刀路 2- 曲面精修平行"的 ≋刀路 图标上单击，出现路径模拟，模拟刀路，检查刀具铣削路径有无问题。

7）选择当前刀路，单击 ≋ 图标，使图标变成灰色，即关闭当前的刀路显示。然后关闭刀路操作管理对话框，按 <Ctrl+S> 键保存凹面零件文件。

8.4.3　选取 φ25mm 镶 R5mm 合金刀粒圆鼻刀，用外形刀路加工零件外形

1）单击选项卡中的"刀路"→"2D 外形"，产生外形铣削刀路。

2）单击 按钮，选取图 8-1 中的 Chain2。单击 ✓ 按钮，进入图 8-15 所示界面，选取合适的刀具及刀具参数。

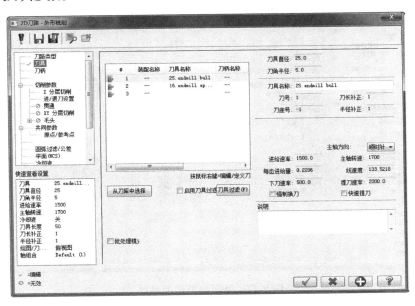

图 8-15　外形加工刀具参数

3）单击外形铣削刀路对话框中"共同参数"及"切削参数"选项，参数设置如图 8-16 与图 8-17 所示。XY 方向的加工余量为 0.3mm，Z 方向的加工余量为 0.0mm，这里要注意的是：因为这里所绘的曲线在 Z0 的平面上，所选的 Chain2 在高度 Z0mm。"工件表面设置"为 0.0mm，"深度"设置为 -34.0mm，由此来确定加工的深度。具体加工时，操作人员可以将 Z 方向的对刀零点提高 0.1mm 以避免铣削碰到夹具。

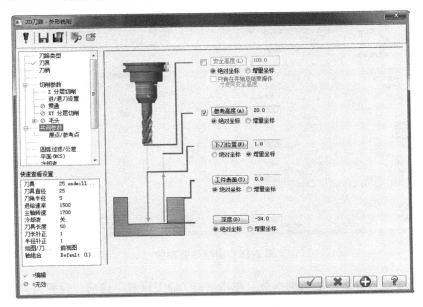

图 8-16　外形铣削共同参数

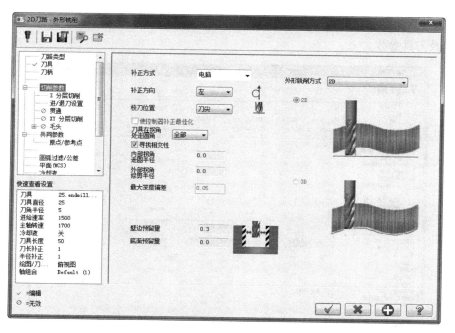

图 8-17　外形铣削切削参数

4）单击"Z 分层切削"选项，进行切削深度的设置，如图 8-18 所示。总加工深度设置为 30.0mm，最大粗切步进量设置为 0.5mm。

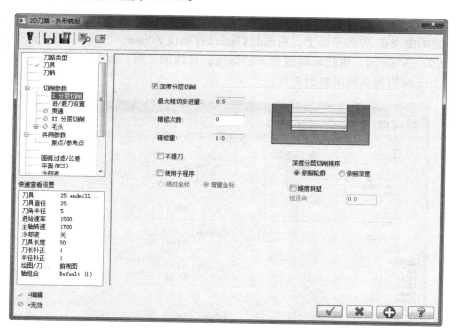

图 8-18　切削深度参数

5）这里不必设置外形多层铣削参数。单击"进 / 退刀设置"选项，设置刀具进刀、退刀的路径参数，如图 8-19 所示。

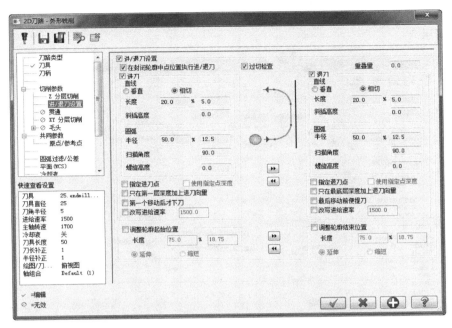

图 8-19　刀具进刀、退刀的路径参数

6）单击对话框中"确定"按钮，系统生成图 8-20 所示的外形铣削刀路。

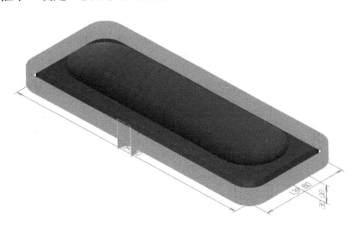

图 8-20　外形铣削刀路

7）按 <Alt+O> 组合键，系统弹出图 8-10 所示的刀路操作管理对话框。在"刀路 3-外形铣削（2D）"的 刀路 图标上单击，出现路径模拟，模拟刀路，检查刀具铣削路径有无问题。

8）选择当前刀路，单击 ≈ 图标，使图标变成灰色，即关闭当前的刀路显示。然后关闭刀路操作管理对话框，按 <Ctrl+S> 键保存凹面零件文件。

8.4.4　选取 φ16mm 四刃平底刀，用外形刀路精加工零件外形

1）单击选项卡中的"刀路"→"2D 外形"，产生外形铣削刀路。

2）单击 ○○○ 按钮，选取图 8-1 中的 Chain2，单击 ✔ 按钮，选取合适的刀具及刀具参数，如图 8-21 所示。

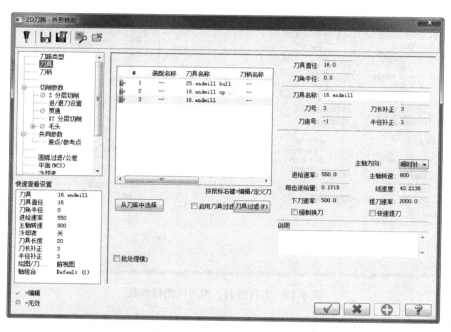

图 8-21 外形加工刀具参数

3）单击外形铣削刀路中"共同参数""切削参数"选项，参数设置如图 8-22 与图 8-23 所示。"工件表面"设置为 0.0mm，"深度"设置为 −31.0mm。XYZ 方向的加工余量设置为 0.0mm。

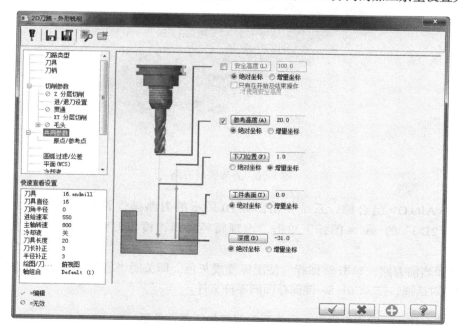

图 8-22 外形铣削共同参数

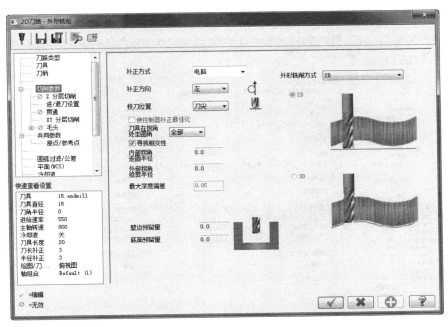

图 8-23　外形铣削切削参数

4）这里不进行切削深度的设置（一次进给加工完所有的深度，避免留下接刀痕）。单击"XY 分层切削"选项，设置外形多层铣削参数，如图 8-24 所示。前面 XY 方向留有 0.3mm 加工余量，这里分 4 步进行外形铣削加工，粗加工每步设置为 0.1mm，精加工每步设置为 0.05mm。

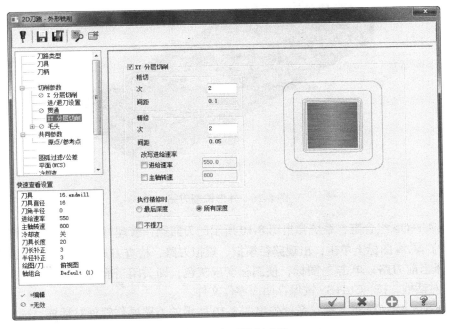

图 8-24　多层铣削参数

5）单击"进 / 退刀设置"选项，刀具进刀、退刀的路径参数如图 8-25 所示。

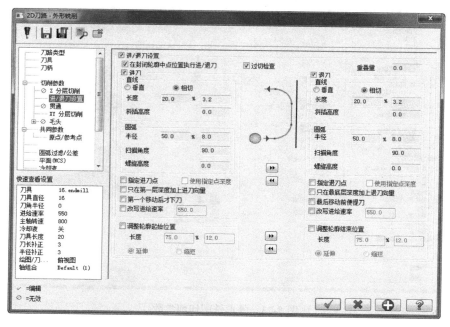

图 8-25　刀具进刀、退刀的路径参数

6）单击对话框中"确定"按钮，系统生成图 8-26 所示的外形铣削刀路。

图 8-26　外形铣削刀路

7）按 <Alt+O> 组合键，系统弹出图 8-10 所示的刀路操作管理对话框。在"刀路 4- 外形铣削（2D）"的 刀路 图标上单击，出现路径模拟，模拟刀路，检查刀具铣削路径有无问题。

8）选择当前刀路，单击 ≈ 图标，使图标变成灰色，即关闭当前的刀路显示。然后关闭刀路操作管理对话框，按 <Ctrl+S> 键保存凹面零件文件。

9）再次按 <Alt+O> 组合键，系统弹出图 8-10 所示的刀路操作管理对话框，选择所有要模拟的刀路，然后单击 图标，进行实体加工模拟，在系统弹出的对话框中单击 ▶ 按钮，加工模拟效果如图 8-27 所示。

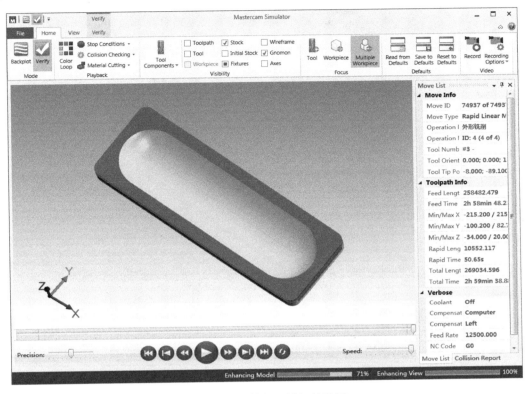

图 8-27　实体加工模拟效果图

第 3 篇

综合类零件的加工

第9章

玲珑盒的加工

9.1 零件结构分析

玲珑盒的实体图如图 9-1 所示，材料为铝材，零件的三维尺寸为 40mm×40mm×40mm。具体尺寸见网上电子资源包。该零件设计得灵巧，每个面有 4 层圆柱孔，直径分别为：φ34.0mm、φ22.0mm、φ14.0mm、φ9.6mm，深度分别为：7.0mm、5.0mm、2.0mm、2.0mm。加工完 6 个面后，每个镂空的正方体相接，最小连接处不足 1.0mm。根据本厂的设备条件，制订了如下的加工工艺：

1）在普通设备上铣削加工出 40mm×40mm×40mm 的标准四方体毛坯，加工 6 面至尺寸要求，并要求各面相互垂直。

2）在数控机床上采用机用虎钳装夹，用 3D 曲面粗加工→3D 挖槽刀路对一个面的全部曲面进行粗加工。

3）用 2D 外形加工刀路对 4 个圆柱孔进行精加工。

4）然后旋转装夹 5 次，加工另外的 5 个面。

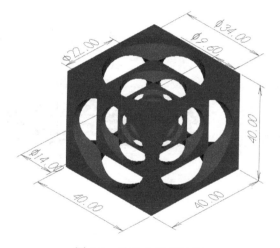

图 9-1　玲珑盒的实体图

9.2 刀路规划

1）选取 φ8mm 四刃平底刀对一个面的全部曲面进行 3D 挖槽粗加工。加工余量设置为 0.2mm。

2）选取 φ8mm 四刃平底刀，用 2D 外形刀路对第 1 层圆的外形进行精加工。加工余量设置为 0.0mm。

3）选取 φ8mm 四刃平底刀，用 2D 外形刀路对第 2 层圆的外形进行精加工。加工余量设置为 0.0mm。

4）选取 φ8mm 四刃平底刀，用 2D 外形刀路对第 3 层圆的外形进行精加工。加工余量设置为 0.0mm。

5）选取 φ8mm 四刃平底刀，用 2D 外形刀路对第 4 层圆的外形进行精加工。加工余量设置为 0.0mm。

9.3　图形准备

先绘制零件的 3D 实体图，然后从实体转成曲面进行编程加工较为合理。编程时将坐标原点放在正方体工件的中心，Z 方向原点也在工件的中心。图形进行了分层管理，分为 5 个层，第 1 层（curveforcut）绘制了编制刀路时要使用的曲线，第 2 层（curve）绘制了 2D 绘图曲线，第 3 层绘制了零件 3D 实体，第 4 层（surfaceforcut）绘制了加工曲面，第 5 层（Dim）标注了零件的尺寸参数，层管理图如图 9-2 所示。图 9-3 是一个面的加工曲面和曲线图。

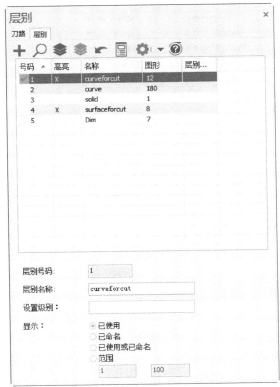

图 9-2　层管理图

图 9-3　加工曲面和曲线图

9.4　刀路参数设置

9.4.1　选取 φ8mm 四刃平底刀对全部曲面进行 3D 挖槽粗加工

1）单击选项卡中的"刀路"→"3D 粗切挖槽"，产生曲面挖槽刀路。

2）选取加工曲面，按 <Enter> 键确认，在弹出的界面中再单击"确定"，进入图 9-4 所示对话框，选取合适的刀具及刀具参数。

3）单击"曲面参数"选项卡，曲面参数设置如图 9-5 所示，加工余量设置为 0.2mm。

4）单击"粗切参数"选项卡，粗加工参数设置如图 9-6 所示。Z 方向最大步进量设置为 0.5mm。

5）在图 9-6 中单击"螺旋进刀"按钮，螺旋下刀参数设置如图 9-7 所示。

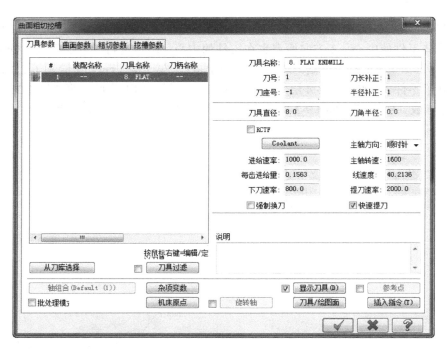

图 9-4　曲面挖槽刀路刀具参数

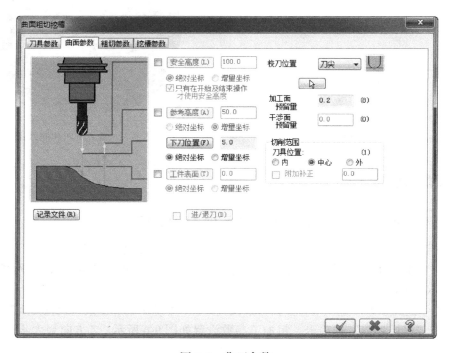

图 9-5　曲面参数

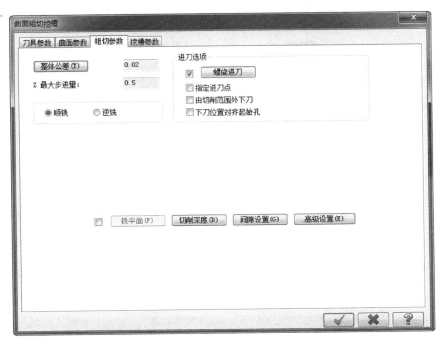

图 9-6 曲面粗加工参数

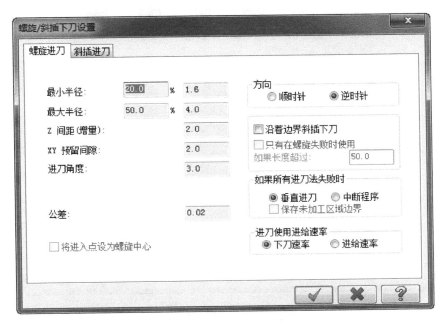

图 9-7 螺旋下刀参数

6）在图 9-6 中单击"切削深度"按钮，切削深度设置如图 9-8 所示。

7）单击曲面粗切挖槽对话框中的"挖槽参数"选项卡，挖槽参数设置如图 9-9 所示。切削方式选择平行环切方式，切削间距（直径 %）取 50.0mm，切削间距（距离）取 4.0mm。

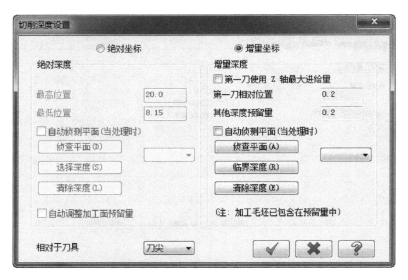

图 9-8　切削深度参数

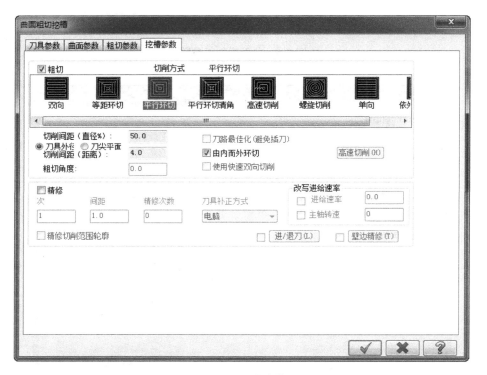

图 9-9　挖槽参数

8）单击对话框中"确定"按钮，系统提示"选择刀路范围限定框"，选择图 9-3 中的 Chain1，单击 ✔ 按钮系统生成图 9-10 所示的曲面挖槽刀路。

9）按 <Alt+O> 组合键，打开刀路操作管理对话框，单击"机床群组属性"→"毛坯设置"，参数设置如图 9-11 所示。

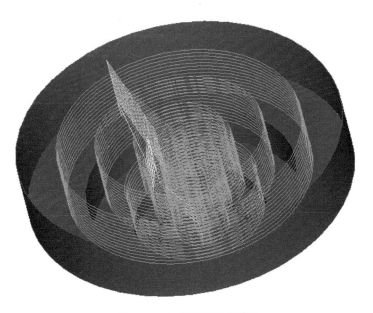

图 9-10　曲面挖槽刀具路径

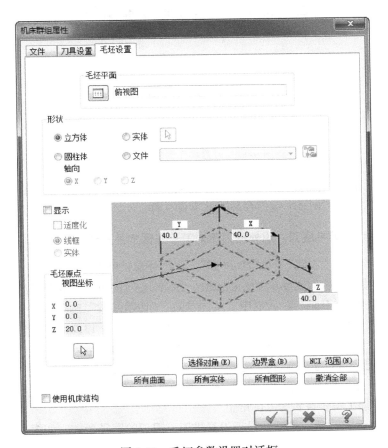

图 9-11　毛坯参数设置对话框

10）再次按 <Alt+O> 组合键，系统弹出图 9-12 所示的刀路操作管理对话框。在"刀路 1-曲面粗切挖槽"的 刀路 图标上单击，出现路径模拟，模拟刀路，检查刀具铣削路径有无问题。

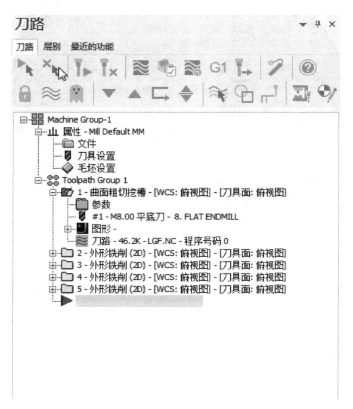

图 9-12　刀路操作管理对话框

11）选择当前刀路，单击 ≈ 图标，使图标变成灰色，即关闭当前的刀路显示。然后关闭刀路操作管理对话框，按 <Ctrl+S> 键保存玲珑盒零件文件。

9.4.2　选取 φ8mm 四刃平底刀，用外形刀路对第一层圆的外形进行精加工

1）单击选项卡中的"刀路"→"2D 外形"，产生外形铣削刀路。

2）单击 按钮，选取图 9-3 中的 Chain1，单击 按钮，选取合适的刀具及参数。

3）单击"外形铣削刀路"对话框中"共同参数""切削参数"选项卡，参数设置如图 9-13 与图 9-14 所示。"工件表面"设置为 20.0mm，"深度"设置为 13.0mm，加工深度为 7.0mm。XYZ 方向的加工余量都为 0.0mm，Chain1 曲线在 Z20 的平面上。

4）因为前面已经进行了粗加工，这里无须设置进行切削深度的设置。

5）单击"XY 分层切削"选项，设置外形多层铣削参数，如图 9-15 所示。这里分 3 步进行外形精加工，精加工每步设置为 0.07mm。

6）单击"进 / 退刀设置"选项，设置刀具进刀、退刀的路径参数，如图 9-16 所示。

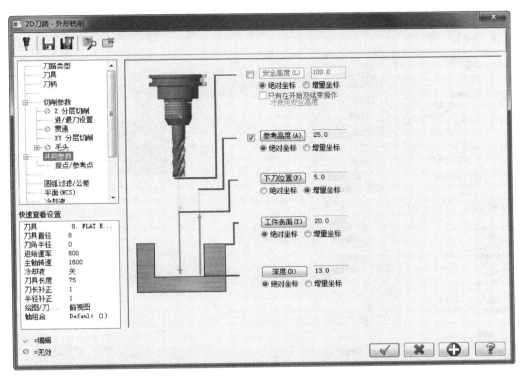

图 9-13　外形铣削共同参数

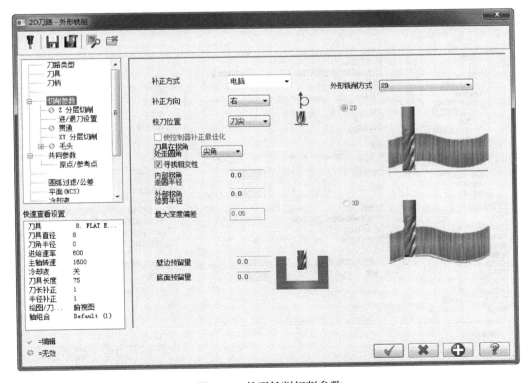

图 9-14　外形铣削切削参数

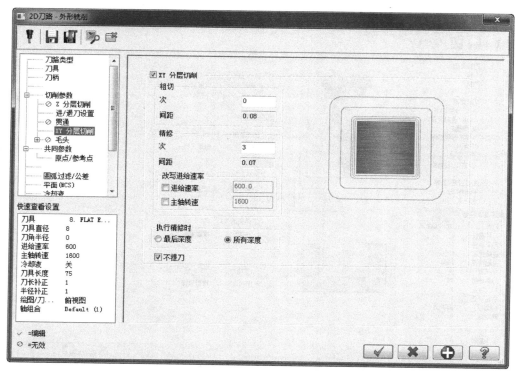

图 9-15　多层铣削参数

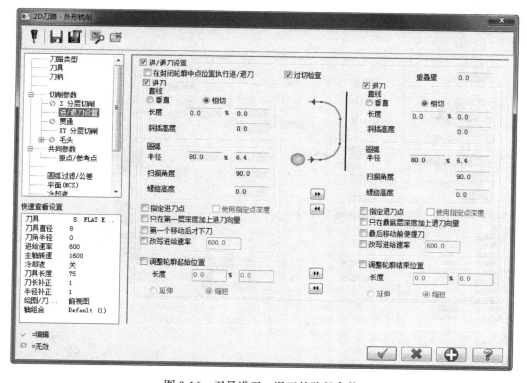

图 9-16　刀具进刀、退刀的路径参数

7）单击对话框中"确定"按钮，系统生成图 9-17 所示的外形铣削刀路。

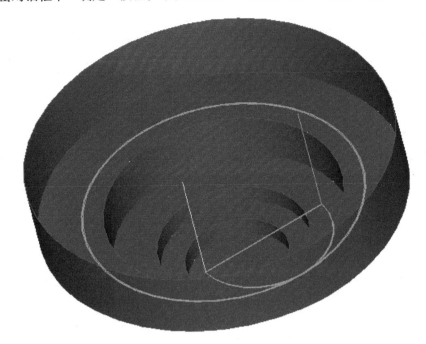

图 9-17　外形铣削刀路

8）按 <Alt+O> 组合键，系统弹出图 9-12 所示的刀路操作管理对话框。在"刀路 2- 外形铣削（2D）"的 图标上单击，出现路径模拟，模拟刀路，检查刀具铣削路径有无问题。

9）选择当前刀路，单击 ≈ 图标，使图标变成灰色，即关闭当前的刀路显示。然后关闭刀路操作管理对话框，按 <Ctrl+S> 键保存玲珑盒零件文件。

9.4.3　选取 φ8mm 四刃平底刀，用外形刀路对第二层圆的外形进行精加工

1）单击选项卡中的"刀路"→"2D 外形"，产生外形铣削刀路。

2）单击 按钮，选取图 9-3 中的 Chain2。单击 ✔ 按钮，选取合适的刀具及刀具参数。

3）单击"外形铣削"刀路中对话框中的"共同参数""切削参数"选项卡，参数设置如图9-18 与图 9-19 所示。"工件表面"设置为 13.0mm，"深度"设置为 8.0mm，加工深度为 5.0mm。XYZ 方向的加工余量都为 0.0mm，Chain2 曲线在 Z13 的平面上。

4）因为前面已经进行了粗加工，这里无须设置进行切削深度的设置。

5）单击"XY 分层切削"选项，设置外形多层铣削参数，参数同前一工序。

6）单击"进 / 退刀设置"选项，设置刀具进刀、退刀的路径参数，如图 9-20 所示。

7）单击对话框中"确定"按钮，系统生成图 9-21 所示的外形铣削刀路。

8）按 <Alt+O> 组合键，系统弹出图 9-12 所示的刀路操作管理对话框。在"刀路 3- 外形铣削（2D）"的 图标上单击出现路径模拟，模拟刀路，检查刀具铣削路径有无问题。

9）选择当前刀路，单击 ≈ 图标，使图标变成灰色，即关闭当前的刀路显示。然后关闭刀路操作管理对话框，按 <Ctrl+S> 键保存玲珑盒零件文件。

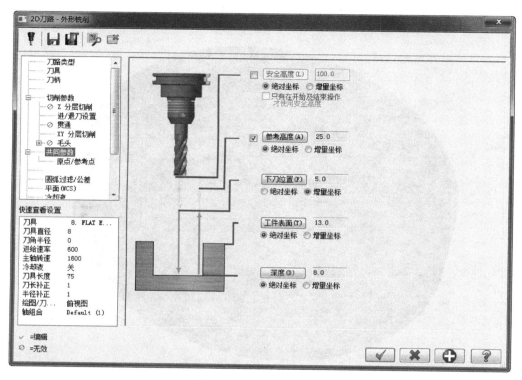

图 9-18　外形铣削共同参数

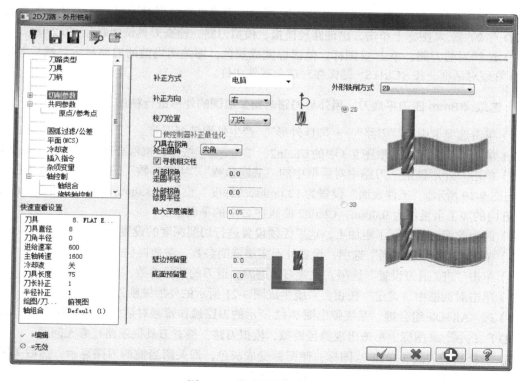

图 9-19　外形铣削切削参数

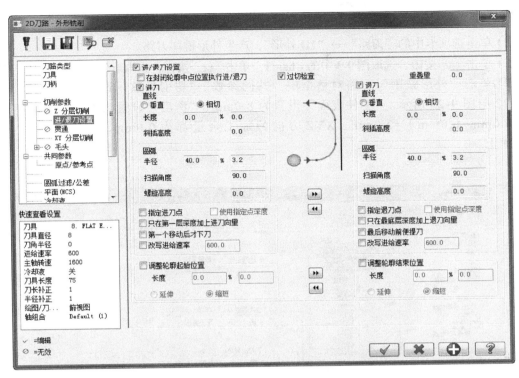

图 9-20　刀具进刀、退刀的路径参数

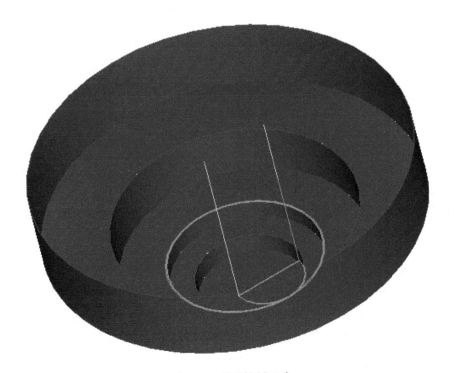

图 9-21　外形铣削刀路

9.4.4 选取 Φ8mm 四刃平底刀，用外形刀路对第三层圆的外形进行精加工

1）单击选项卡中的"刀路"→"2D 外形"，产生外形铣削刀路。

2）单击 按钮，选取图 9-3 中的 Chain3，单击 按钮，选取合适的刀具及刀具参数。

3）单击"外形铣削"刀路对话框中"共同参数""切削参数"选项卡，参数设置如图 9-22 与图 9-23 所示。"工件表面"设置为 8.0mm，"深度"设置为 6.0mm，加工深度为（8.0mm-6.0mm）=2.0mm。XYZ 方向的加工余量都为 0.0mm，Chain3 曲线在 Z8 的平面上。

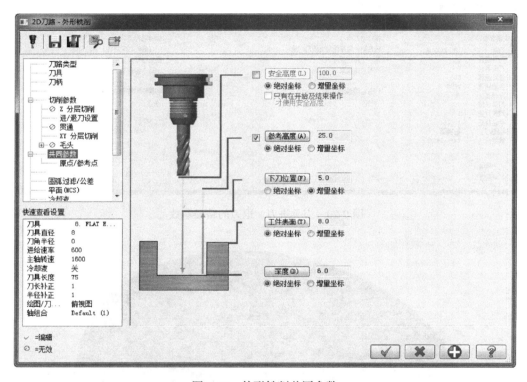

图 9-22　外形铣削共同参数

4）因为前面已经进行了粗加工，这里无须设置进行切削深度的设置。

5）单击"XY 分层切削"选项，设置外形多层铣削参数，参数同前一工序。

6）单击"进/退刀设置"选项，设置刀具进刀、退刀的路径参数，如图 9-24 所示。

7）单击对话框中"确定"按钮，系统生成图 9-25 所示的外形铣削刀路。

8）按 <Alt+O> 组合键，系统弹出图 9-12 所示的刀路操作管理对话框。在"刀路 4- 外形铣削（2D）"的 图标上单击，出现路径模拟，模拟刀路，检查刀具铣削路径有无问题。

9）选择当前刀路，单击 ≈ 图标，使图标变成灰色，即关闭当前的刀路显示。然后关闭刀路操作管理对话框，按 <Ctrl+S> 键保存玲珑盒零件文件。

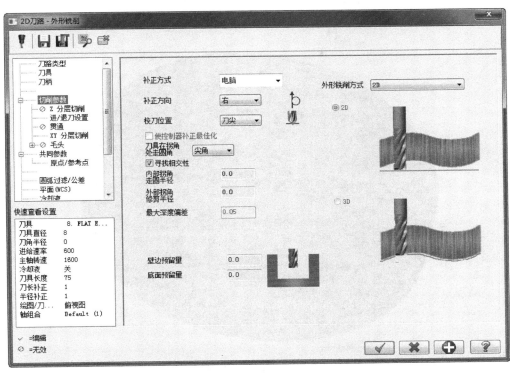

图 9-23　外形铣削切削参数

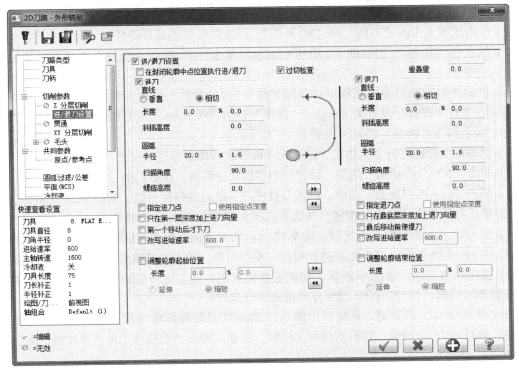

图 9-24　刀具进刀、退刀的路径参数

图 9-25　外形铣削刀路

9.4.5　选取 φ8mm 四刃平底刀，用外形刀路对第四层圆的外形进行精加工

1）单击选项卡中的"刀路"→"2D 外形"，产生外形铣削刀具路径。

2）单击 按钮 ，选取图 9-3 中的 Chain4，单击 按钮，选取合适的刀具及刀具参数。

3）单击外形铣削刀路对话框中"共同参数""切削参数"选项，参数设置如图 9-26 与图 9-27 所示。"工件表面"设置为 6.0mm，"深度"设置为 4.0mm，加工深度为 2.0mm。XYZ 方向的加工余量都为 0.0mm，Chain4 曲线在 Z6 的平面上。

4）因为前面已经进行了粗加工，这里无须设置进行切削深度的设置。

5）单击"XY 分层切削"选项，设置外形多层铣削参数，参数同前一工序。

6）单击"进 / 退刀设置"选项，设置刀具进刀、退刀的路径参数，如图 9-28 所示。

7）单击对话框中"确定"按钮，系统生成图 9-29 所示的外形铣削刀路。

8）按 <Alt+O> 组合键，系统弹出图 9-12 所示的刀路操作管理对话框。在"刀路 5- 外形铣削（2D）"的 图标上单击出现路径模拟，模拟刀路，检查刀具铣削路径有无问题。

9）选择当前刀路，单击 ≈ 图标，使图标变成灰色，即关闭当前的刀路显示。然后关闭刀路操作管理对话框，按 <Ctrl+S> 键保存玲珑盒零件文件。

10）按 <Alt+O> 组合键，系统弹出图 9-12 所示的刀路操作管理对话框，选择所有要模拟的刀路，然后单击 图标，进行实体加工模拟，在系统弹出的对话框中单击 按钮，加工模拟效果如图 9-30 所示。

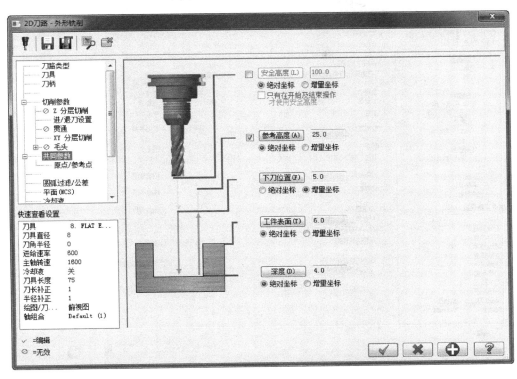

图 9-26　外形铣削共同参数

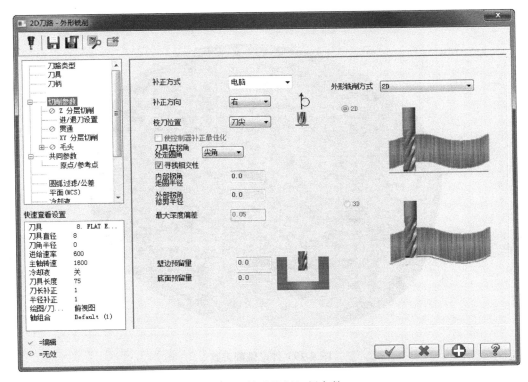

图 9-27　外形铣削切削参数

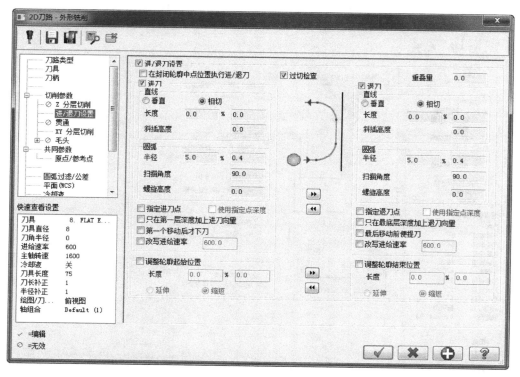

图 9-28　刀具进刀、退刀的路径参数

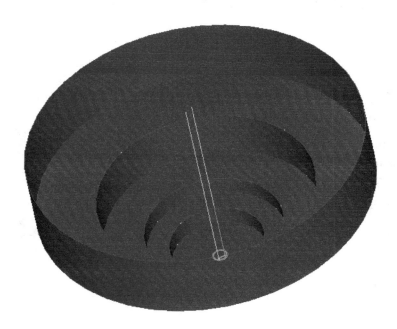

图 9-29　外形铣削刀路

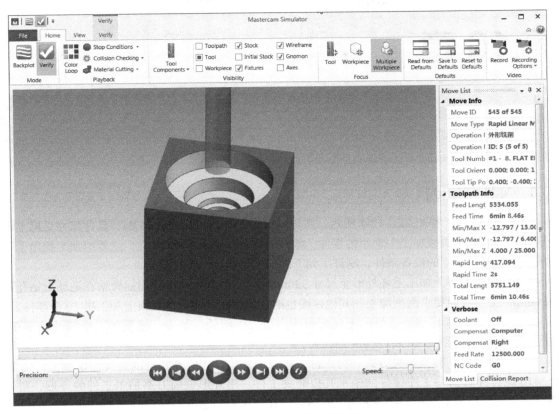

图 9-30　实体加工模拟效果图

第 10 章

轴承座的加工

10.1 零件结构分析

轴承座的 2D 工程图如图 10-1 所示，零件厚度为 10mm。材料为 45 钢，具体尺寸见网上电子资源包。这也是机械加工中常用的零件。零件的数量只要求生产 20 件，这就给加工提出了一定的要求。根据本厂的设备条件，制订了如下的加工工艺：

1）在普通设备上加工毛坯外形至尺寸 330mm × 256mm × 10mm，用摇臂钻在毛坯上钻孔到 φ30mm，上下底面要求磨削加工，其他四面也磨削成相互垂直。每块板上加工出 10 个零件。

2）在数控铣床将预加工好的毛坯板分中定位，中间镂空装夹。镗削加工中间的轴承孔，并同时加工出轴承孔周围的 3 个 M4 螺纹孔。

3）拆装工件，转换装夹方式，将工件毛坯分中定位，固定在镂空的装夹固定板上，用 10 个 M16 螺钉穿过前一工序镗好的轴承孔以装夹工件。用外形铣削刀路加工工件的外形，留下 0.1mm 的余量，手工拧断工件并倒角。直角缺口在普通铣床上加工。

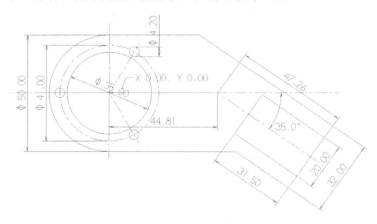

图 10-1　轴承座的 2D 工程图

10.2 刀路规划

1）因为预先在毛坯的中心加工出 φ30mm 的孔，故这里选取 φ16mm 四刃平底刀，用 2D 外形铣削刀路粗加工 10 个轴承孔。XY 方向的加工余量为 0.24mm，Z 方向的加工余量为 0.0mm。

2）选取 BYB35-135 直柄微调镗孔器，用精镗孔刀路对 10 个轴承孔进行精加工。XYZ 方向的加工余量都为 0.0mm。

3）选取 φ3mm 中心钻，用钻孔刀路钻削轴承孔周围 3 个螺纹孔的中心孔。Z 方向的钻孔深度取 3.0mm。

4）选取 φ3.2mm 钻头，用钻孔刀路钻削轴承孔周围 3 个螺纹孔的底孔。Z 方向的钻孔深度取 15.0mm。

5）选取伸缩式攻螺纹刀杆装夹 φ4mm 的丝锥，用攻螺纹刀路加工轴承孔周围 3 个 M4 的螺纹孔，攻螺纹深度取 15.0mm。

6）选取 φ12mm 四刃平底刀，用 2D 外形刀路加工零件的大外形。XY 方向的加工余量为 0.3mm，Z 方向留有 0.5mm 的加工余量。

7）选取 φ12mm 四刃平底刀，用 2D 外形刀路精加工零件的大外形。XY 方向的加工余量为 0.0mm，Z 方向留有 0.5mm 的加工余量。

8）选取 φ6mm 四刃平底刀，用 2D 外形刀路对零件的大外形进行切断加工。XY 方向的加工余量为 0.0mm，Z 方向加工余量为 0.1mm。

10.3　图形准备

此零件结构不复杂，不必绘制 3D 实体图，用 2D 图即可完成加工。绘图进行了分层管理，层管理图如图 10-2 所示，共分为 5 个层：第 1 层（smallcontour）绘制了小直角曲线，第 2 层（maopei）绘制了零件毛坯，第 3 层（hole）绘制了圆心点的尺寸位置，第 4 层标注零件的尺寸，第 11 层绘制了零件的外形曲线。将坐标原点放在工件毛坯的中心处，Z 方向尺寸为 0.0mm。编程时要对零件各部位孔的深度及外形刀路的深度设置的概念有清晰的认识。零件的加工编程 2D图如图 10-3 所示。

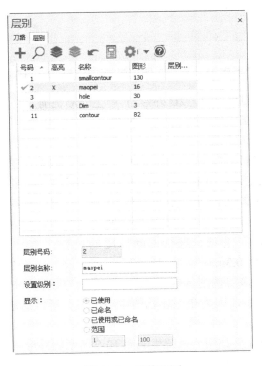

图 10-2　层管理图

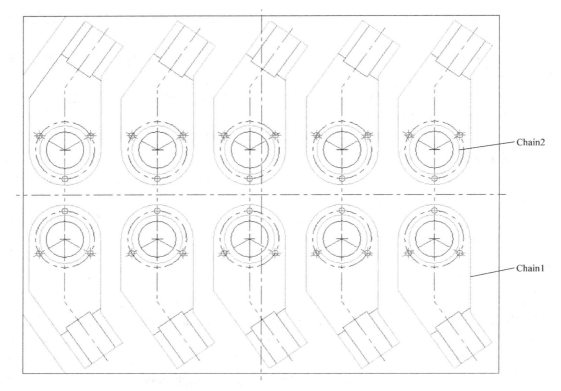

图 10-3　轴承座加工编程 2D 图

10.4　刀路参数设置

10.4.1　选取 ϕ16mm 四刃平底刀，用 2D 外形铣削刀路粗加工 10 个轴承孔

1）单击选项卡中的"刀路"→"2D 外形"，产生外形铣削刀路。

2）单击 ⚙ 按钮，选取图 10-3 中的 10 个 Chain2。单击 ✔ 按钮，进入图 10-4 所示对话框，选取合适的刀具及刀具参数。

3）单击外形铣削刀路对话框中"切削参数"及"共同参数"选项，参数设置如图 10-5 与图 10-6 所示。XY 方向的加工余量设置为 0.24mm，Z 方向的加工余量设置为 0.0mm，要注意的是：这里所绘的是 2D 图，都在 Z0 的平面上，所选的 Chain1 在高度 Z0 处。因此"工件表面"设置为 0.0mm，"深度"设置为 −14.0mm，由此来确定加工的深度为 14.0mm。

4）单击"Z 分层切削"选项，进行切削深度的设置，如图 10-7 所示。总加工深度为 14.0mm，最大粗切步进量为 0.3mm。

5）这里不必设置外形多层铣削参数，单击"进 / 退刀设置"选项，设置刀具进刀、退刀的路径参数，如图 10-8 所示。因为在毛坯孔的中心下刀，所以这里取消了进刀直线，以避免撞刀。

6）单击对话框中"确定"按钮，系统生成图 10-9 所示的外形铣削刀路。

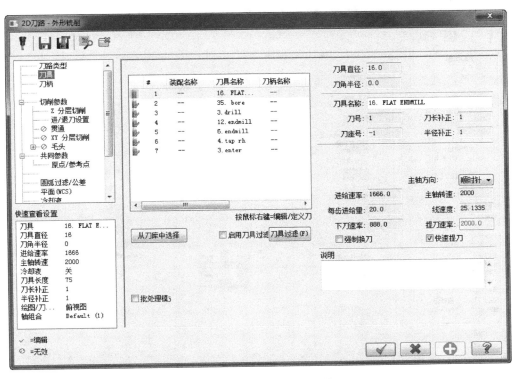

图 10-4 外形加工刀具参数

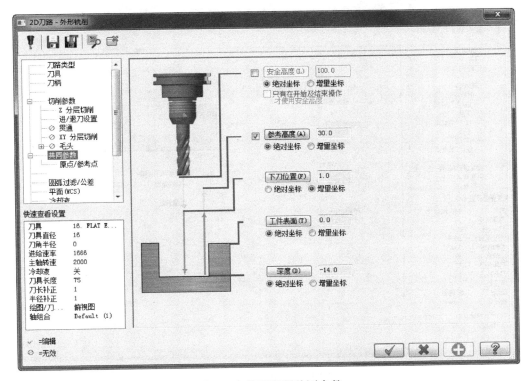

图 10-5 外形铣削共同参数

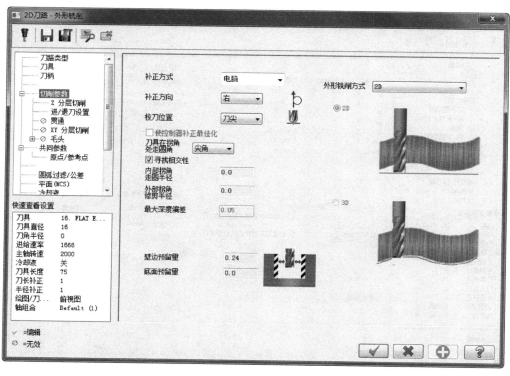

图 10-6　外形铣削切削参数

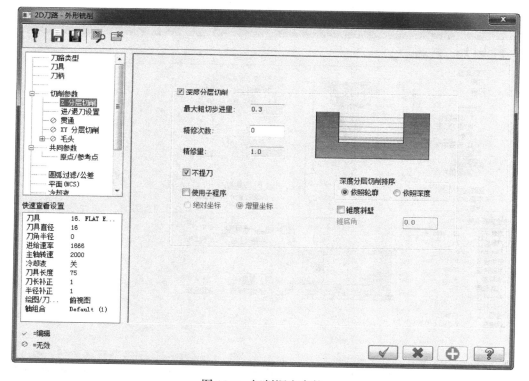

图 10-7　切削深度参数

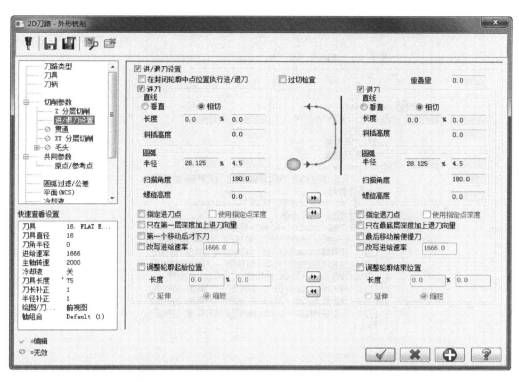

图 10-8　刀具进刀、退刀的路径参数

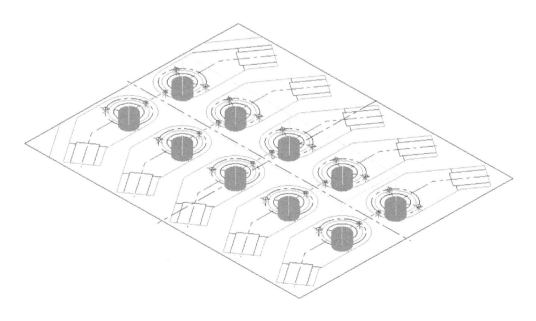

图 10-9　外形铣削刀路

7）按 <Alt+O> 组合键，系统弹出图 10-10 所示的刀路操作管理对话框。在"刀路 1- 外形铣削（2D）"的 刀路 图标上单击，出现路径模拟，模拟刀路，检查刀具铣削路径有无问题。

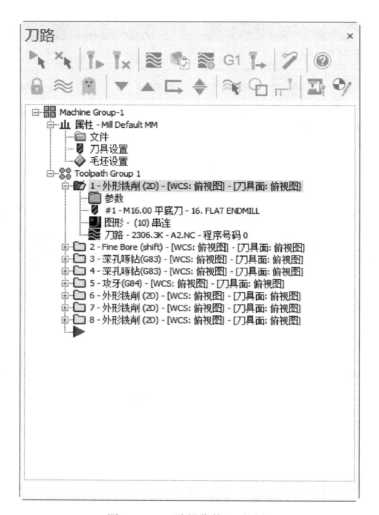

图 10-10　刀路操作管理对话框

8）选择当前刀路，单击 ≈ 图标，使图标变成灰色，即关闭当前的刀路显示。然后关闭刀路操作管理对话框，按 <Ctrl+S> 键保存轴承座文件。

10.4.2　选取 BYB35-135 直柄微调镗孔器，用精镗孔刀路对 10 个轴承孔进行精加工

1）单击选项卡中的"刀路"→"2D 钻孔"，产生钻孔刀路。

2）单击 [手动] / [自动] 按钮，选取图 10-3 中的 10 个 Chain2 的圆心，按 <ESC> 键，单击 ✓ 按钮，设置合适的刀具及刀具参数，如图 10-11 所示。

3）单击钻削刀路中"共同参数"对话框，参数设置如图 10-12 所示。这里"工件表面"设置为 0.0mm，"深度"设置为 −15.0mm。

4）单击钻削刀路中"切削参数"选项，传统钻孔参数如图 10-13 所示，"提刀偏移量"取 1.0mm，避免退刀时刀尖划过已加工面。

5）单击对话框中"确定"按钮，系统生成图 10-14 所示的钻孔刀路。

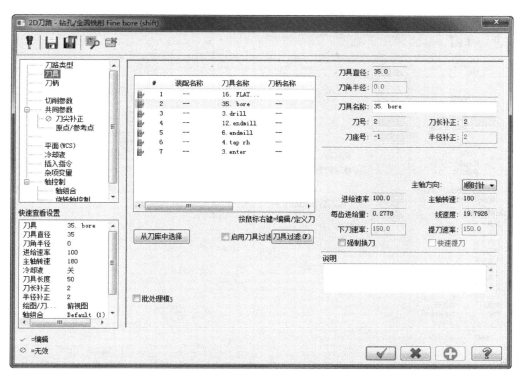

图 10-11　刀具参数

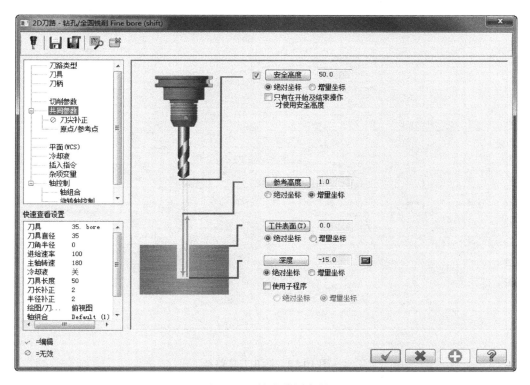

图 10-12　钻孔共同参数

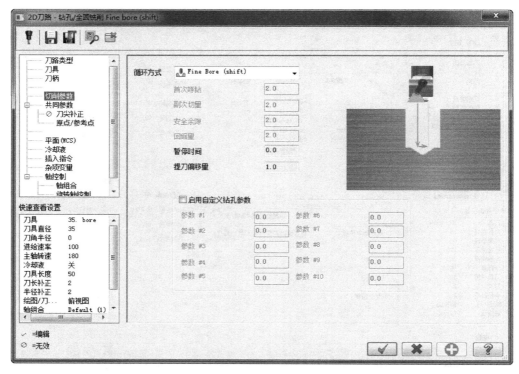

图 10-13 传统钻孔参数

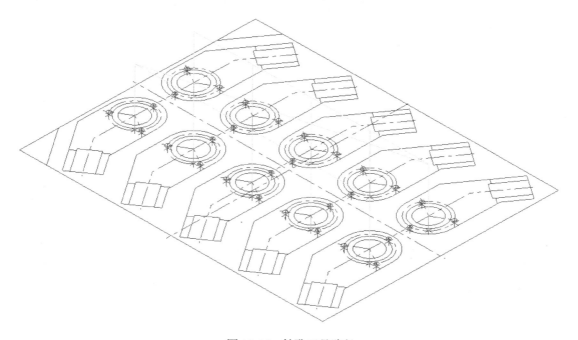

图 10-14 钻孔刀具路径

6）按 <Alt+O> 组合键，系统弹出图 10-10 所示的刀路操作管理对话框。在"刀路 2-Fine Bore（Shift）"的 图标单击左键，出现路径模拟，模拟刀路，检查刀具铣削路径有无问题。

7）选择当前刀路，单击 ≈ 图标，使图标变成灰色，即关闭当前的刀路显示。然后关闭刀路操作管理对话框，按 <Ctrl+S> 键保存轴承座文件。

10.4.3　选取 φ3mm 中心钻，用钻孔刀路钻削每个轴承孔周围 3 个螺纹孔的中心孔

1）单击选项卡中的"刀路"→"2D 钻孔"，产生钻孔刀具路径。

2）单击 手动 / 自动 按钮，选取图 10-3 中的 30 个 M4 螺纹孔的中心，按 <ESC> 键，单击 ✓ 按钮，刀具及刀具参数的设置如图 10-15 所示。

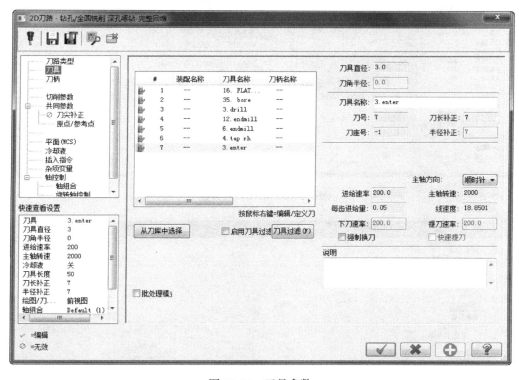

图 10-15　刀具参数

3）单击钻削刀路中"共同参数""切削参数"选项，参数设置如图 10-16 与图 10-17 所示。这里"工件表面"设置为 0.0mm，"深度"设置为 −3.0mm。"啄孔"设置为 0.3mm，Z 方向的钻孔深度 3.0mm。

4）这里无须设置传统钻孔参数。单击对话框中"确定"按钮，系统生成图 10-18 所示的钻孔刀路。

5）按 <Alt+O> 组合键，系统弹出图 10-10 所示的刀路操作管理对话框。在"刀路 3- 深孔啄钻（G83）"的 图标上单击，出现路径模拟，模拟刀路，检查刀具铣削路径有无问题。

6）选择当前刀路，单击 ≈ 图标，使图标变成灰色，即关闭当前的刀路显示。然后关闭刀路操作管理对话框，按 <Ctrl+S> 键保存轴承座文件。

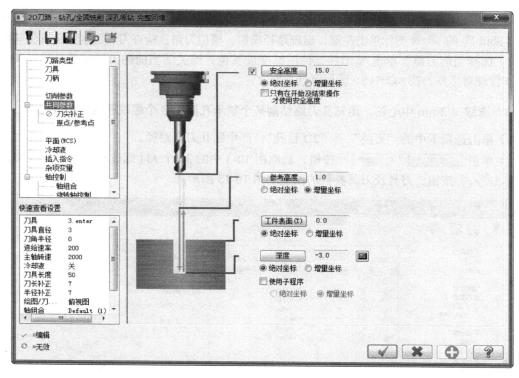

图 10-16　钻孔共同参数

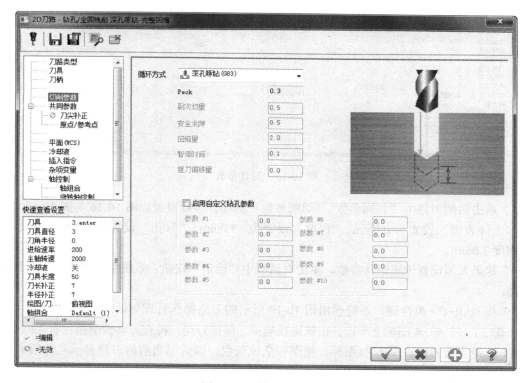

图 10-17　钻孔切削参数

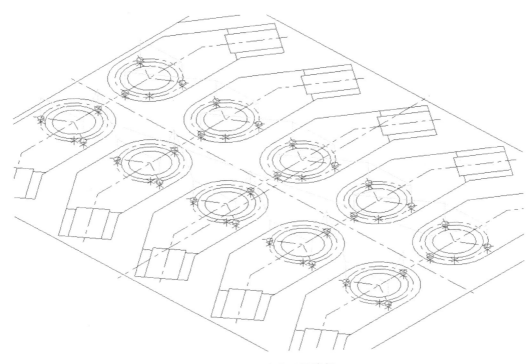

图 10-18 钻孔刀具路径

10.4.4 选取 φ3.2mm 钻头，用钻孔刀路钻削每个轴承孔周围 3 个螺纹孔的底孔

1）单击选项卡中的"刀路"→"2D 钻孔"，产生钻孔刀路。

2）单击 手动 / 自动 按钮，选取图 10-3 中的 30 个 M4 螺纹孔的中心，按 <ESC> 键，单击 ✔ 按钮，刀具及刀具参数的设置如图 10-19 所示。

3）单击"钻削"刀路对话框中"共同参数""切削参数"选项，参数设置如图 10-20 与图 10-21 所示。这里"工件表面"设置为 0.0mm，"深度"设置为 -15.0mm。啄孔设置为 1.0mm，Z 方向的钻孔深度 15.0mm。

4）这里无须设置传统钻孔参数。单击对话框中"确定"按钮，系统生成图 10-22 所示的钻孔刀路。

5）按 <Alt+O> 组合键，系统弹出图 10-10 所示的刀路操作管理对话框。在"刀路 4- 深孔啄钻（G83）"的 刀路 图标上单击，出现路径模拟，模拟刀路，检查刀具铣削路径有无问题。

6）选择当前刀路，单击 ≈ 图标，使图标变成灰色，即关闭当前的刀路显示。然后关闭刀路操作管理对话框，按 <Ctrl+S> 键保存轴承座文件。

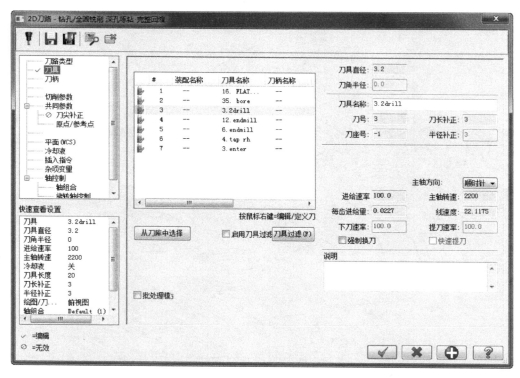

图 10-19　刀具参数

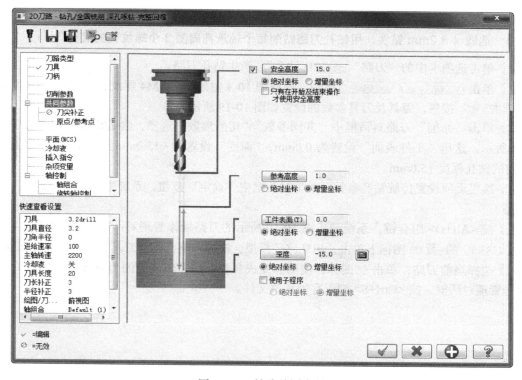

图 10-20　钻孔共同参数

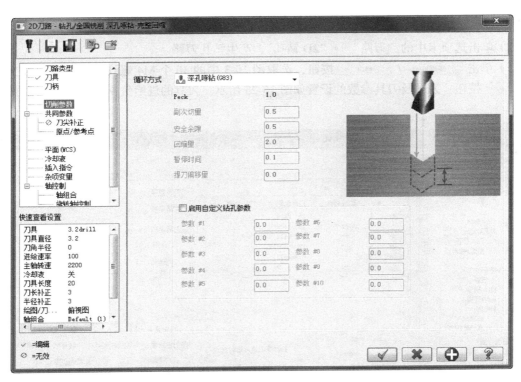

图 10-21　钻孔切削参数

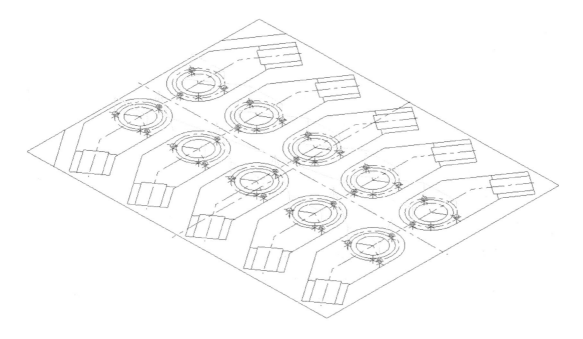

图 10-22　钻孔刀具路径

10.4.5 选取 M4 钻头，用攻牙刀路加工每个轴承孔周围 3 个 M4 的螺纹孔

1）单击选项卡中的"刀路"→"2D 钻孔"，产生钻孔刀路。

2）单击 手动 / 自动 按钮，选取图 10-3 中的 30 个 M4 螺纹中心，按 <ESC> 键，单击 ✓ 按钮，刀具及刀具参数的设置如图 10-23 所示。刀具的进给量 = 刀具转速 × 螺距。

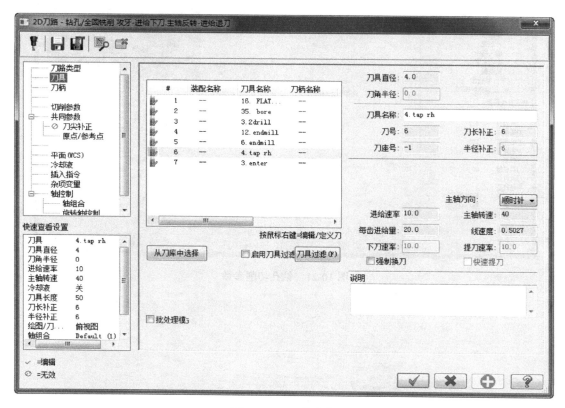

图 10-23　刀具参数

3）单击"钻削"刀路对话框中"共同参数"选项，攻螺纹参数设置如图 10-24 所示。这里"工件表面"设置为 0.0mm，"深度"设置为 -15.0mm，攻螺纹深度设置为 15.0mm。

4）这里无须设置传统钻孔参数。单击对话框中"确定"按钮，系统生成图 10-25 所示的攻螺纹刀路。

5）按 <Alt+O> 组合键，系统弹出图 10-10 所示的刀路操作管理对话框。在"刀路 5- 攻螺纹（G84）"的 🔲 刀路 图标上单击，出现路径模拟，模拟刀路，检查刀具铣削路径有无问题。

6）选择当前刀路，单击 ≈ 图标，使图标变成灰色，即关闭当前的刀路显示。然后关闭刀路操作管理对话框，按 <Ctrl+S> 键保存轴承座文件。

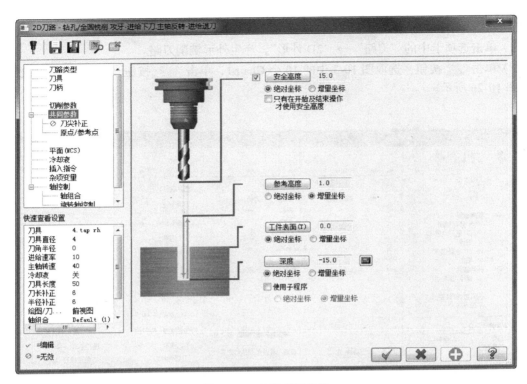

图 10-24　钻孔共同参数

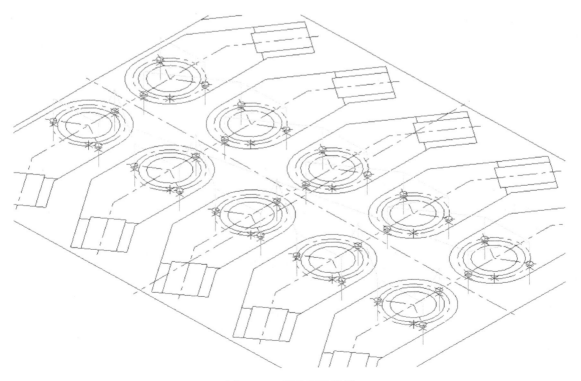

图 10-25　钻孔刀具路径

10.4.6 选取 Φ12mm 四刃平底刀，用 2D 外形刀路加工零件的外形

1）单击选项卡中的"刀路"→"2D 外形"，产生外形铣削刀路。

2）单击 按钮，选取图 10-3 中的 10 个 Chain1，单击 按钮，刀具及刀具参数的设置如图 10-26 所示。

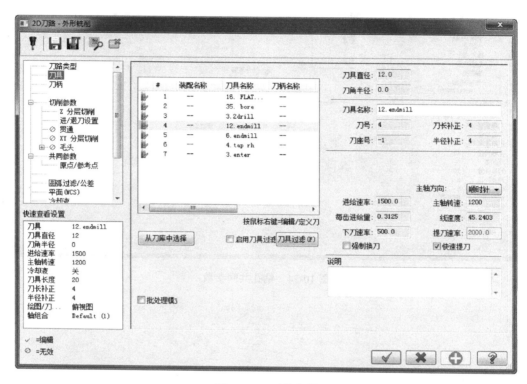

图 10-26　刀具参数

3）单击"外形铣削"刀路对话框中"共同参数""切削参数"选项，参数设置如图 10-27 与图 10-28 所示。"工件表面"设置为 0.0mm，"深度"设置为 -10.0mm。XY 方向的加工余量设置为 0.3mm，Z 方向的加工余量设置为 0.5mm。

4）单击"Z 分层切削"选项，进行切削深度的设置，如图 10-29 所示，最大粗切步进量取 0.5mm。

5）这里不必设置外形多层铣削参数。刀具进刀、退刀的路径参数如图 10-30 所示。

6）单击对话框中"确定"按钮，系统生成图 10-31 所示的外形铣削刀路。

7）按 <Alt+O> 组合键，系统弹出图 10-10 所示的刀路操作管理对话框。在"刀路 6- 外形铣削（2D）"的 图标单击左键，出现路径模拟，模拟刀路，检查刀具铣削路径有无问题。

8）选择当前刀路，单击 ≈ 图标，使图标变成灰色，即关闭当前的刀路显示。然后关闭刀路操作管理对话框，按 <Ctrl+S> 键保存轴承座文件。

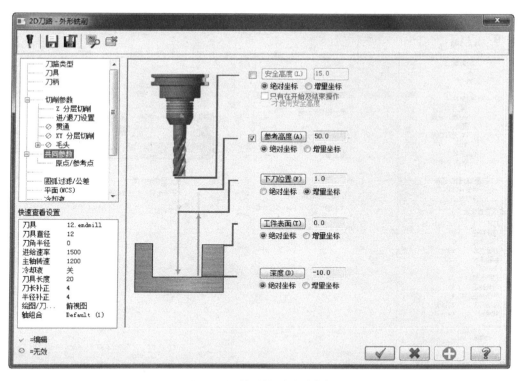

图 10-27　外形铣削共同参数

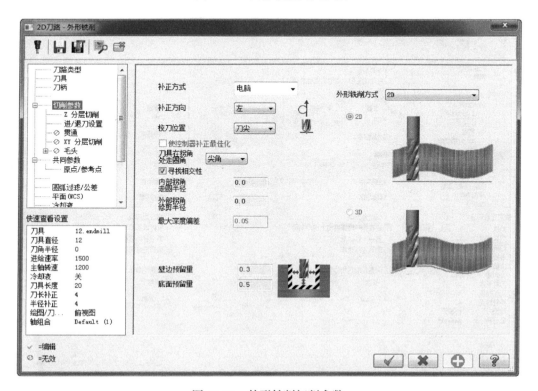

图 10-28　外形铣削切削参数

数控铣削加工案例详解

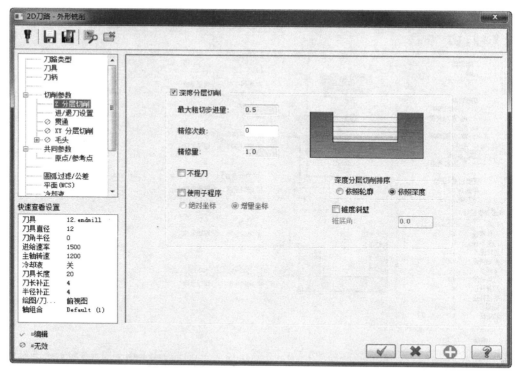

图 10-29　切削深度参数

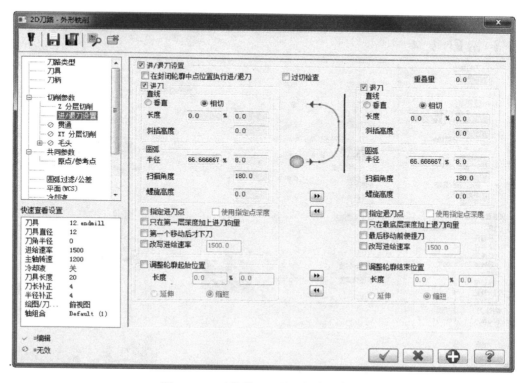

图 10-30　刀具进刀、退刀的路径参数

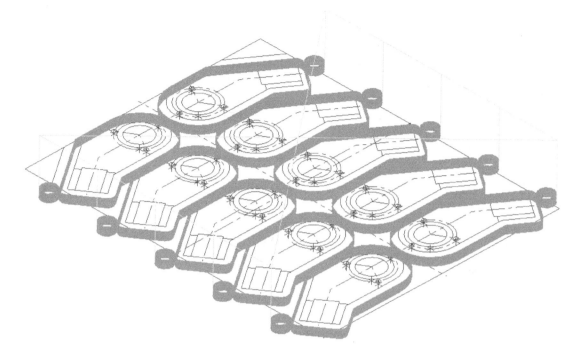

图 10-31　外形铣削刀路

10.4.7　选取 φ12mm 四刃平底刀，采用 2D 外形刀路精加工零件的大外形

1）单击选项卡中的"刀路"→"2D 外形"，产生外形铣削刀路。

2）单击 按钮，选取图 10-3 中的 10 个 Chain1，单击 ✔ 按钮，选择合适的刀具及刀具参数。

3）单击外形铣削刀路中"共同参数""切削参数"选项，参数设置如图 10-32 与图 10-33 所示。"工件表面"设置为 0.2mm，"深度"设置为 -9.95mm。XY 方向的加工余量设置为 0.0mm，Z 方向的加工余量设置为 0.5mm。

4）这里不进行切削深度的设置。单击"XY 分层切削"选项，设置外形多层铣削参数，如图 10-34 所示。前面工序在 XY 方向留有 0.3mm 加工余量，这里分 4 步进行外形精加工，粗加工每步设置为 0.1mm，精加工每步设置为 0.05mm。

5）刀具进刀、退刀的路径参数设置同上一工序。

6）单击对话框中"确定"按钮，系统生成图 10-35 所示的外形铣削刀路。

7）按 <Alt+O> 组合键，系统弹出图 10-10 所示的刀路操作管理对话框。在"刀路 7-外形铣削（2D）"的 刀路 图标上单击，出现路径模拟，模拟刀路，检查刀具铣削路径有无问题。

8）选择当前刀路，单击 ≈ 图标，使图标变成灰色，即关闭当前的刀路显示。然后关闭刀路操作管理对话框，按 <Ctrl+S> 键保存轴承座文件。

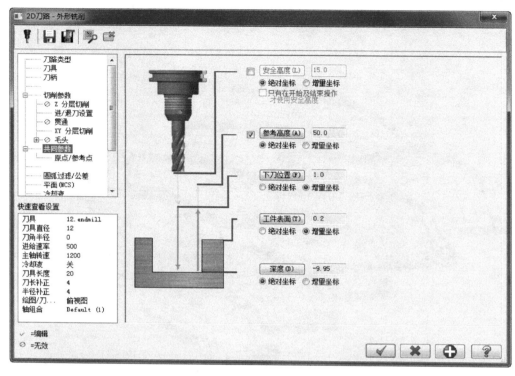

图 10-32　外形铣削共同参数

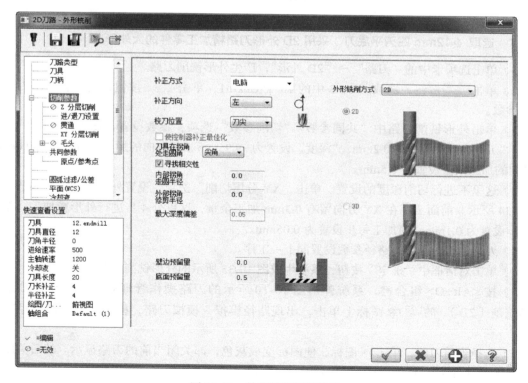

图 10-33　外形铣削切削参数

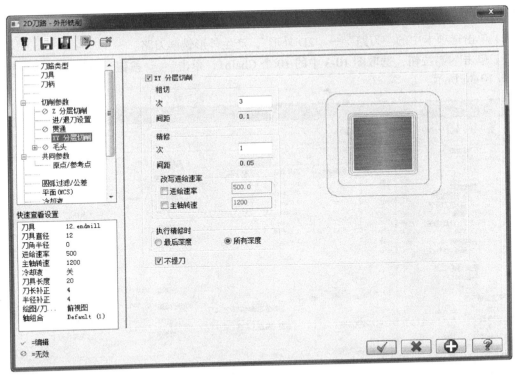

图 10-34 多层铣削参数

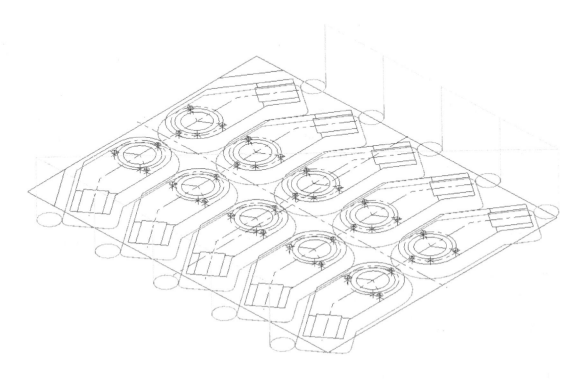

图 10-35 外形铣削刀路

10.4.8 选取 φ6mm 四刃平底刀，用 2D 外形刀路对零件的外形进行切断加工

1）单击选项卡中的"刀路"→"2D 外形"，产生外形铣削刀路。

2）单击 按钮，选取图 10-3 中的 10 个 Chain1，单击 按钮，刀具及刀具参数的设置如图 10-36 所示。

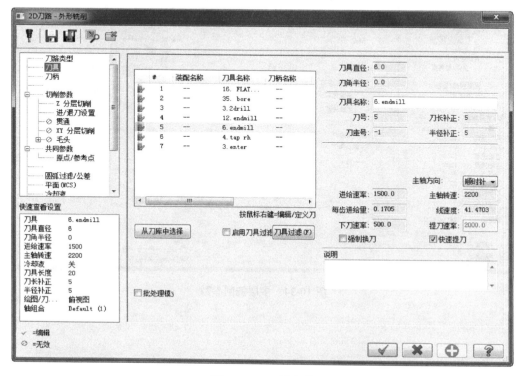

图 10-36　刀具参数

3）单击"外形铣削"刀路对话框中"共同参数""切削参数"选项，参数设置如图 10-37 与图 10-38 所示。"工件表面"设置为 -9.5mm，"深度"设置为 -9.9mm，XY 方向的加工余量设置为 0.02mm（避免伤及已加工好的零件大外形），Z 方向的留有 0.1mm 的加工余量（便于拆装工件后人工拆断及倒角）。

4）单击"Z 分层切削"选项，进行切削深度的设置，如图 10-39 所示，最大粗切步进量取 0.1mm。

5）单击"进 / 退刀设置"选项，设置刀具进刀、退刀的路径参数，如图 10-40 所示。这里取消"进 / 退刀直线"。

6）单击对话框中"确定"按钮，系统生成图 10-41 所示的外形铣削刀路。

7）按 <Alt+O> 组合键，系统弹出图 10-10 所示的刀路操作管理对话框。在"刀路 8- 外形铣削（2D）"的 刀路 图标上单击，出现路径模拟，模拟刀路，检查刀具铣削路径有无问题。刀具路径如图 10-42 所示。

8）选择当前刀路，单击 ≈ 图标，使图标变成灰色，即关闭当前的刀路显示。然后关闭刀路操作管理对话框，按 <Ctrl+S> 键保存轴承座文件。

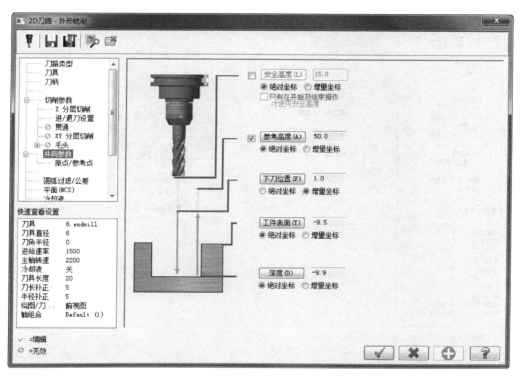

图 10-37　外形铣削共同参数

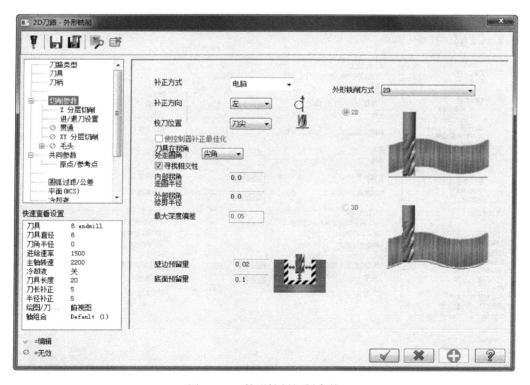

图 10-38　外形铣削切削参数

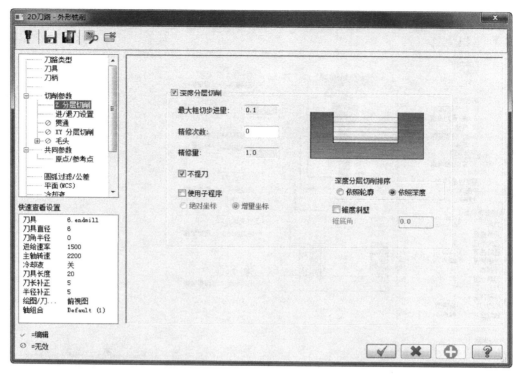

图 10-39　切削深度参数

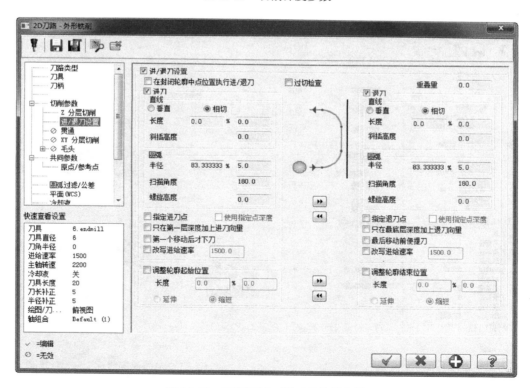

图 10-40　刀具进刀、退刀的路径参数

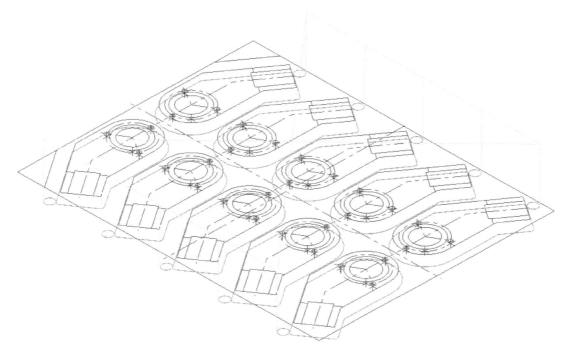

图 10-41   外形铣削刀路

图 10-42   模拟刀具路径

9）再次按 <Alt+O> 组合键，系统弹出图 10-10 所示的刀路操作管理对话框。选择所有要模拟的刀路，然后单击 🖼 图标，进行实体加工模拟，在系统弹出的对话框中单击 ▶ 按钮，加工模拟效果如图 10-43 所示。

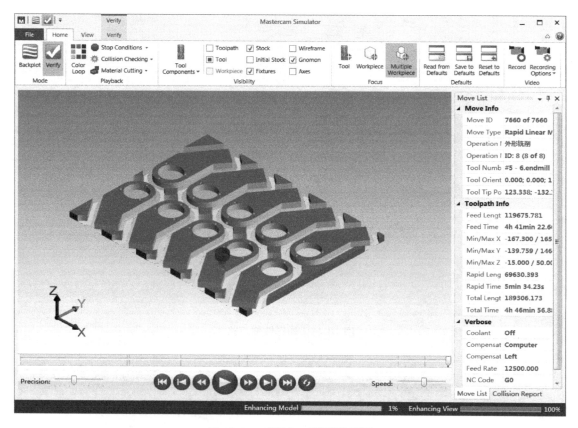

图 10-43　实体加工模拟效果图

第11章

冷凝器固定板的加工

11.1 零件结构分析

冷凝器固定板的 2D 工程图如图 11-1 所示，零件外形尺寸为 $\phi400mm \times 25mm$，材料为 45 钢，具体尺寸见网上电子资源包。零件的生产批量不大，板上有 69 个 $\phi16mm$ 的孔，要求铰孔加工，位置尺寸要求也较高，4 个 $\phi30mm$ 导柱孔的尺寸和位置精度都有较高的要求。板上还均布了 8 个 M16 螺纹孔以及 4 个 $\phi30mm$、深度为 10mm 的台阶孔，其 3D 实体图如图 11-2 所示。根据本厂的设备条件，制订了如下的加工工艺：

1）在普通设备上先加工毛坯外形至尺寸 $\phi400mm \times 25mm$，要求保证上、下面的平行度。

2）在数控铣床将加工好的毛坯板分中定位，中间垫高 20mm，用压板装夹。用钻孔、铰孔、攻螺纹等刀路加工 69 个 $\phi16mm$ 的孔和 8 个 M16 的螺纹孔，并钻 $\phi30mm$ 导柱孔和台阶孔的加工底孔。

3）编制 2D 外形刀路加工 4 个导柱孔和台阶孔。

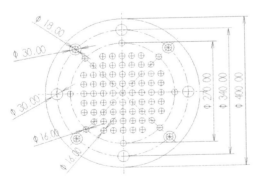

图 11-1　冷凝器固定板的 2D 工程图

图 11-2　冷凝器固定板 3D 实体图

11.2 刀路规划

1）选取 $\phi12mm$ 中心钻，用钻孔刀路钻削冷凝器固定板上所有孔的中心孔。钻孔深度为 5.0mm。

2）选取 $\phi15.8mm$ 钻头，用钻孔刀路钻削冷凝器固定板除了 8 个螺纹孔外的所有孔。钻孔深度为 35.0mm。要求钻穿固定板。

3）选取 $\phi18mm$ 麻花钻头，用钻孔刀路钻削固定板上 4 个台阶孔的通孔和 4 个导柱孔的底孔。钻孔深度为 35.0mm。

4）选取 φ16mm 的铰刀，用钻孔刀路铰削固定板上 69 个 φ16mm 的孔。钻孔深度为 28.0mm。

5）选取 φ14.5mm 麻花钻头，用钻孔刀路钻削固定板上 8 个螺纹孔的底孔。钻孔深度为 35.0mm。

6）选取伸缩式攻螺纹刀杆装夹 φ16mm 的丝锥，用攻螺纹刀路加工固定板上 8 个螺纹孔。攻螺纹深度为 35.0mm。

7）选取 φ12mm 镶 R0.8mm 方合金刀粒圆鼻刀，用外形铣削刀路精加工冷凝器固定板上 4 个 φ30mm 台阶孔。加工余量为 0.0mm。

8）选取 φ12mm 镶 R0.8mm 方合金刀粒圆鼻刀，用外形铣削刀路粗加工冷凝器固定板上 4 个导柱孔。加工余量为 0.2mm。

9）选取用 φ16mm 四刃平底刀，用 2D 外形斜线加工刀路精加工 4 个导柱孔。加工余量为 0.0mm。在没有精镗刀及孔的尺寸要求不是特别高的情况下，这种解决方法是一种较为常用的加工手段。

11.3 图形准备

冷凝器固定板的结构并不算复杂，绘制零件外形和所有孔的 2D 图即可完成加工，为便于更直观地观察，绘制了 3D 实体图。由于图形元素较多，绘图时进行了分层管理，此处分为 5 个层，层管理图如图 11-3 所示。第 1 层（centline）绘制了图形的中心线，第 2 层（point）绘制了所有孔的圆心点，第 3 层（arc）绘制了 2D 外形，第 4 层标注全部 2D 图形的尺寸，第 5 层绘制了零件的 3D 实体图。将坐标原点放在工件毛坯的中心处，Z 方向尺寸为 0.0mm。编程时要对零件各部位孔的深度及外形刀路的深度设置的概念有清晰的认识。

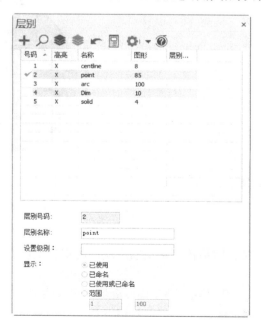

图 11-3　层管理图

11.4　刀路参数设置

11.4.1　选取 φ12mm 中心钻，用钻孔刀路钻削冷凝器固定板上所有孔的中心孔

1）单击选项卡中的"刀路"→"2D 钻孔"，产生钻孔刀路。

2）单击窗选按钮，选取图 11-4 中所有孔的圆心，按 <ESC> 键，单击 ✔ 按钮，刀具及刀具参数的设置如图 11-5 所示。

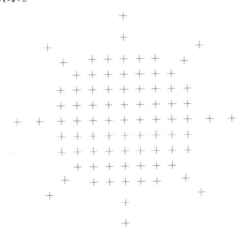

图 11-4　冷凝器固定板孔阵图

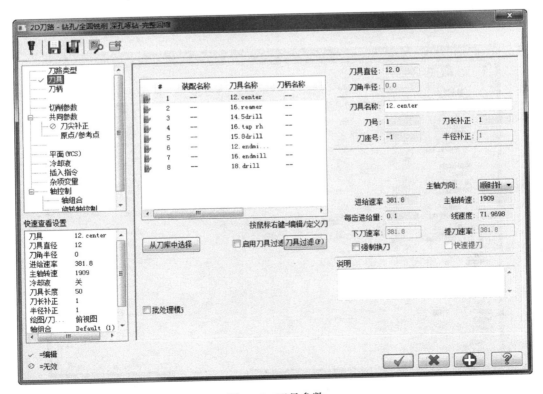

图 11-5　刀具参数

3）单击钻削刀路对话框中"共同参数"及"切削参数"选项，参数设置如图 11-6 和图 11-7 所示。这里"工件表面"设置为 0.0mm，"深度"设置为 −28.0mm，"啄孔"设置为 28.0mm，Z 方向的钻孔深度为 5.0mm。

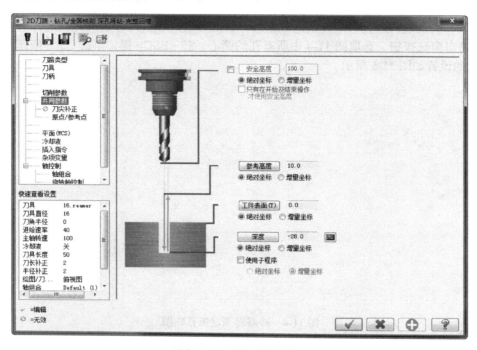

图 11-6　钻孔共同参数

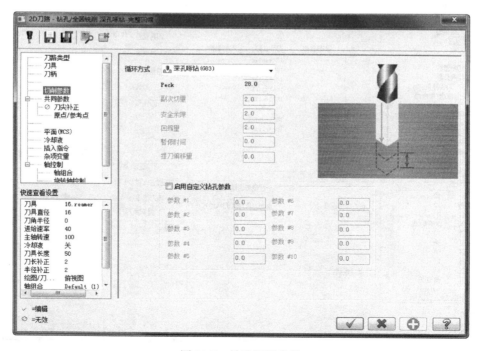

图 11-7　钻孔切削参数

在钻孔循环中，可以设置以下钻孔类型：

① 钻／镗孔（G81/82）：该钻孔形式常用于孔深小于 3 倍刀具直径的钻孔或镗沉头孔。

② 深孔啄钻（G83）：该钻孔形式常用于孔深大于 3 倍刀具直径的深孔，特别适用于碎屑不易清除掉的情况。

③ 断屑式（G73）：该钻孔形式常用于大于 3 倍刀具直径的钻孔。

④ 攻螺纹（G84）：该钻孔形式常用于攻右旋内螺纹。

⑤ 镗孔 # 1（G85/G89）：该钻孔形式常用于使用进给进刀和进给退刀路径的镗孔。

⑥ 镗孔 # 2（G86）：该钻孔形式常用于使用进给进刀和快速退刀路径的镗孔。

⑦ 精镗孔：该选项主要适用于精镗加工，且在底部有让刀加工的场合。该面板中的其他参数意义如下：

- 无运动时间：钻孔时刀具到达钻孔深度后停留的时间，主要目的是减小被加工面的表面粗糙度值。

- 位移：精镗加工刀具在底部的让刀量。

4）这里无须设置传统钻孔参数。单击对话框中"确定"按钮，系统生成图 11-8 所示的钻孔刀路。

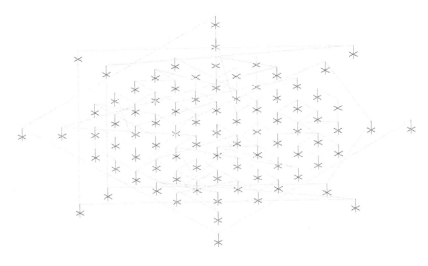

图 11-8　钻孔刀路

5）按 <Alt+O> 组合键，系统弹出图 11-9 所示的刀路操作管理对话框。在"刀路 1- 深孔啄钻（G83）"的 刀路 图标上单击，出现路径模拟，模拟刀路，检查刀路有无问题。钻孔刀路如图 11-8 所示。

6）选择当前刀路，单击 ≈ 图标，使图标变成灰色，即关闭当前的刀路显示。然后关闭刀路操作管理对话框，按 <Ctrl+S> 键保存冷凝器固定板文件。

11.4.2　选取 φ15.8mm 的麻花钻头，用钻孔刀路钻削冷凝器固定板上 69 个 φ16mm 的孔及 4 个 φ30mm 的导柱孔和 4 个台阶孔的底孔

1）单击选项卡中的"刀路"→"2D 钻孔"，产生钻孔刀路。

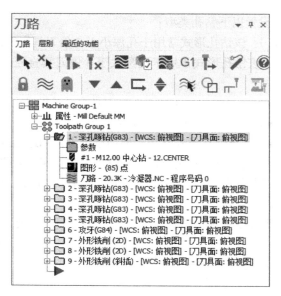

图 11-9　刀路操作管理对话框

2）单击＜窗选＞按钮，选取图 11-4 中 69 个 ϕ16mm 的孔及 4 个 ϕ30mm 的导柱孔和 4 个台阶孔的圆心，按 <ESC> 键，单击 ✓ 按钮，刀具及刀具参数的设置如图 11-10 所示。

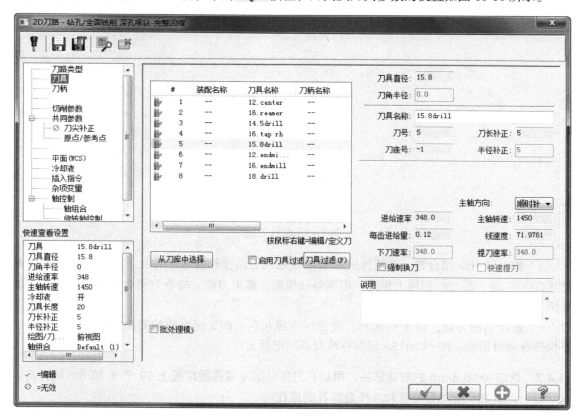

图 11-10　刀具参数

3）单击钻削刀路对话框中"共同参数"及"切削参数"选项，参数设置如图 11-11 和图 11-12 所示。这里"工件表面"设置为 0.0mm，"深度"设置为 −35.0mm，"啄孔"设置为 2.0mm，Z 方向的钻孔深度为 35.0mm。

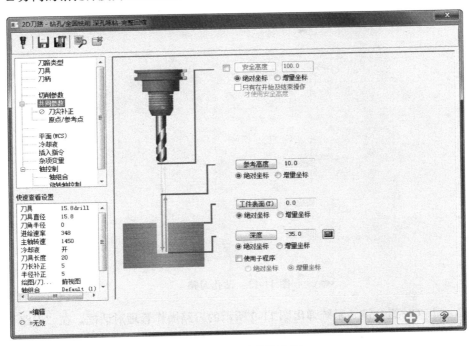

图 11-11　钻孔共同参数

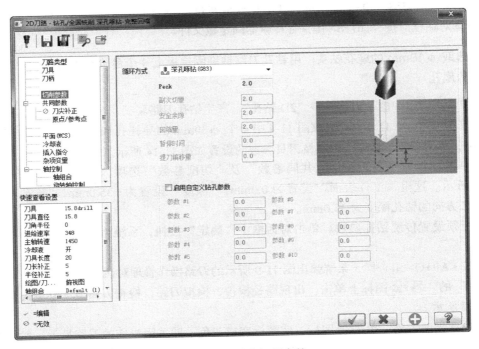

图 11-12　钻孔切削参数

4）这里无须设置传统钻孔参数。单击对话框中"确定"按钮，系统生成图11-13所示的钻孔刀路。

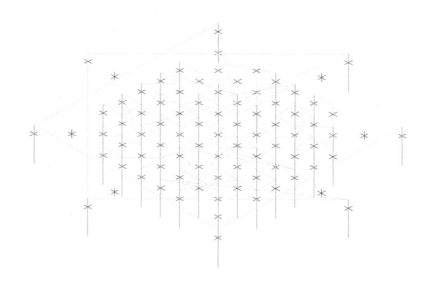

图11-13　钻孔刀路

5）按<Alt+O>组合键，系统弹出图11-9所示的刀路操作管理对话框。在"刀路2-深孔啄钻（G83）"的 刀路 图标上单击，出现路径模拟，模拟刀路，检查刀路有无问题。钻孔刀路如图11-13所示。

6）选择当前刀路，单击 ≈ 图标，使图标变成灰色，即关闭当前的刀路显示。然后关闭刀路操作管理对话框。按<Ctrl+S>键保存冷凝器固定板文件。

11.4.3　选取φ18mm的麻花钻头，用钻孔刀路钻削固定板上4个台阶孔的通孔和4个导柱孔的底孔

1）单击选项卡中的"刀路"→"2D钻孔"，产生钻孔刀路。

2）单击<手动/自动>，选取图11-4中4个φ30mm的导柱孔和4个台阶孔的圆心，按<ESC>键，单击 ✔ 按钮，刀具及刀具参数的设置如图11-14所示。

3）单击钻削刀路对话框中"共同参数"及"切削参数"选项，参数设置如图11-15与图11-16所示。这里"工件表面"设置为0.0mm，"深度"设置为-35.0mm，"啄孔"设置为2.0mm，Z方向的钻孔深度为35.0mm。

4）无须设置传统钻孔参数。单击对话框中"确定"按钮，系统生成图11-17所示的钻孔刀路。

5）按<Alt+O>组合键，系统弹出图11-9所示的刀路操作管理对话框。在"刀路3-深孔啄钻（G83）"的 刀路 图标上单击，出现路径模拟，模拟刀路，检查刀路有无问题。钻孔刀路如图11-17所示。

6）选择当前刀路，单击 ≈ 图标，使图标变成灰色，即关闭当前的刀路显示。然后关闭刀路操作管理对话框。按<Ctrl+S>键保存冷凝器固定板文件。

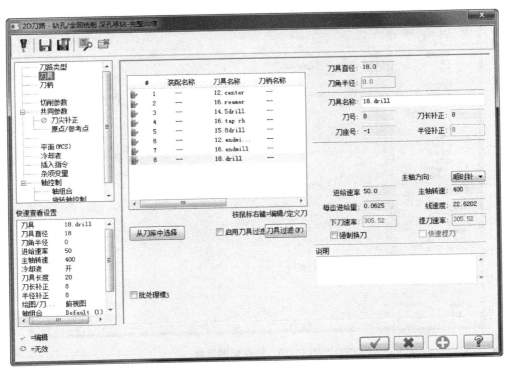

图 11-14　刀具参数

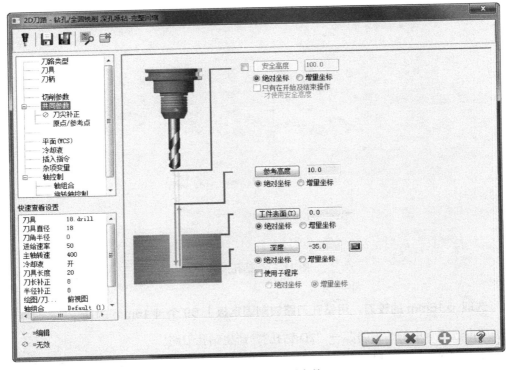

图 11-15　钻孔共同参数

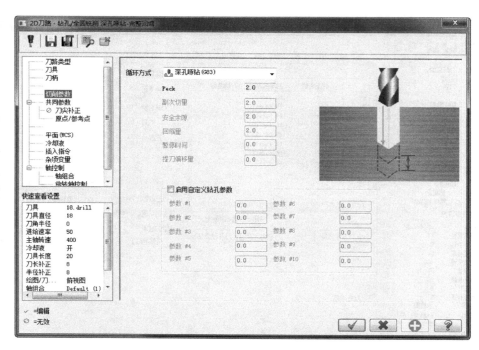

图 11-16　钻孔切削参数

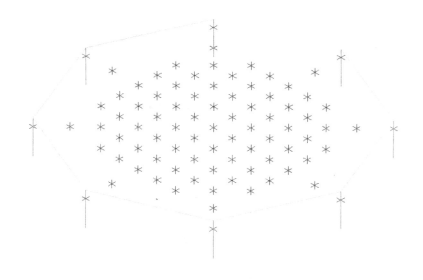

图 11-17　钻孔刀路

11.4.4　选取 φ16mm 的铰刀，用钻孔刀路铰削固定板上 69 个 φ16mm 的孔

1）单击选项卡中的"刀路"→"2D 钻孔"，产生钻孔刀路。

2）单击＜窗选＞按钮，选取图 11-4 中 69 个 φ16mm 孔的圆心，按 ＜ESC＞ 键，单击 ✔ 按钮，刀具及刀具参数的设置如图 11-18 所示。

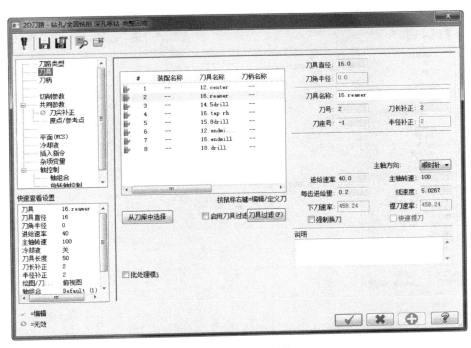

图 11-18 刀具参数

3）单击钻削刀路对话框中"共同参数"及"切削参数"选项，参数设置如图 11-19 与图 11-20 所示。这里"工件表面"设置为 0.0mm，"深度"设置为 −28.0mm，"啄孔"设置为 28.0mm，Z 方向的铰孔深度为 35.0mm。

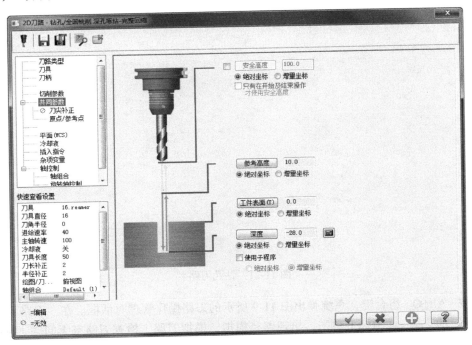

图 11-19 铰孔共同参数

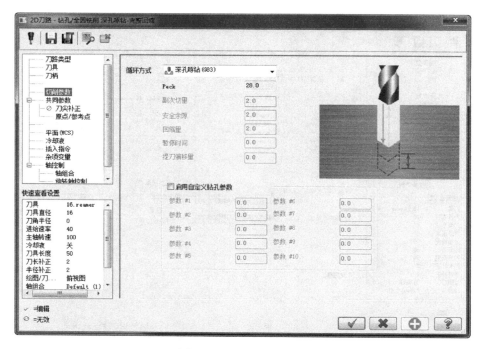

图 11-20　铰孔切削参数

4）无须设置传统钻孔参数。单击对话框中"确定"按钮，系统生成图 11-21 所示的钻孔刀路。

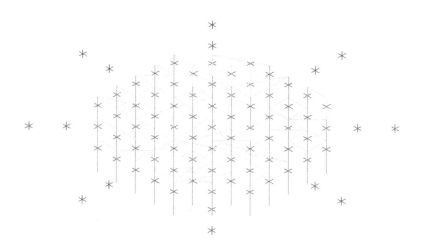

图 11-21　钻孔刀路

5）按 <Alt+O> 组合键，系统弹出图 11-9 所示的刀路操作管理对话框。在"刀路 4- 深孔啄钻（G83）"的 刀路 图标上单击，出现路径模拟，模拟刀路，检查刀路有无问题。钻孔刀路如图 11-21 所示。

6）选择当前刀路，单击 ≈ 图标，使图标变成灰色，即关闭当前的刀路显示。然后关闭刀路操作管理对话框。按 <Ctrl+S> 键保存冷凝器固定板文件。

11.4.5　选取 φ14.5mm 的麻花钻头，用钻孔刀路铰削固定板上 8 个螺纹孔的底孔

1）单击选项卡中的"刀路"→"2D 钻孔"，产生钻孔刀路。

2）单击 < 手动 / 自动 > 按钮，选取图 11-4 中 8 个螺纹孔的圆心，按 <ESC> 键，单击 ✔ 按钮，刀具及刀具参数的设置如图 11-22 所示。

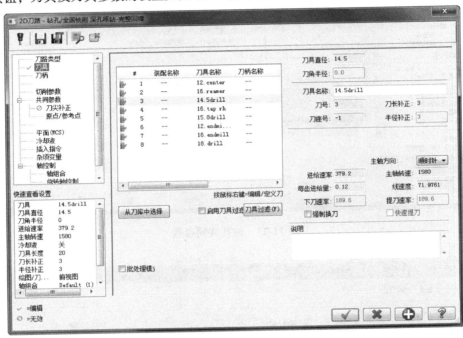

图 11-22　刀具参数

3）单击钻削刀路对话框中"共同参数"及"切削参数"选项，参数设置如图 11-23 与图 11-24 所示。这里"工件表面"设置为 0.0mm，"深度"设置为 −35.0mm，"啄孔"设置为 2.0mm，Z 方向的钻孔深度为 35.0mm。

4）无须设置传统钻孔参数。单击对话框中"确定"按钮，系统生成图 11-25 所示的钻孔刀路。

5）按 <Alt+O> 组合键，系统弹出图 11-9 所示的刀路操作管理对话框。在"刀路 5- 深孔啄钻（G83）"的 刀路 图标上单击，出现路径模拟，模拟刀路，检查刀路有无问题。钻孔刀路如图 11-25 所示。

6）选择当前刀路，单击 ≈ 图标，使图标变成灰色，即关闭当前的刀路显示。然后关闭刀路操作管理对话框。按 <Ctrl+S> 键保存冷凝器固定板文件。

11.4.6　选取伸缩式攻螺纹刀杆装夹 φ16mm 的丝锥，用攻螺纹刀路加工固定板上 8 个螺纹孔

1）单击选项卡中的"刀路"→"2D 钻孔"，产生钻孔刀路。

2）单击 < 窗选 > 按钮，选取图 11-4 中 8 个螺纹孔的圆心，按 <ESC> 键，单击 ✔ 按钮，刀具及刀具参数的设置如图 11-26 所示。刀具的进给量 = 刀具转速 × 螺距。

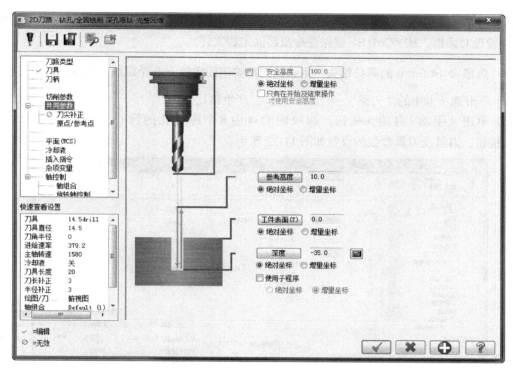

图 11-23　钻孔共同参数

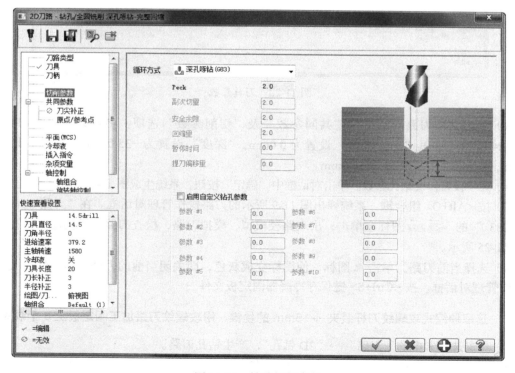

图 11-24　钻孔切削参数

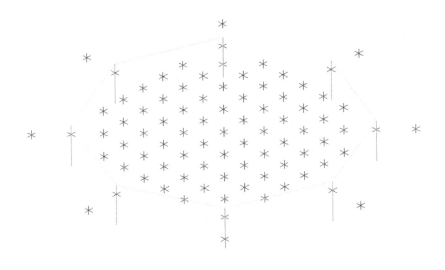

图 11-25 钻孔刀具路径

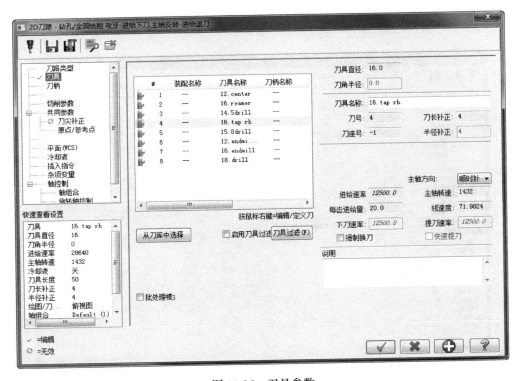

图 11-26 刀具参数

3）单击钻削刀路对话框中"共同参数"及"切削参数"选项，参数设置如图 11-27 与图 11-28 所示。这里"工件表面"设置为 3.0mm，"深度"设置为 –35.0mm。攻螺纹深度为38.0mm。

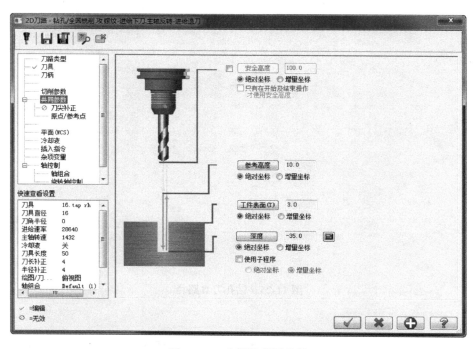

图 11-27　攻螺纹共同参数

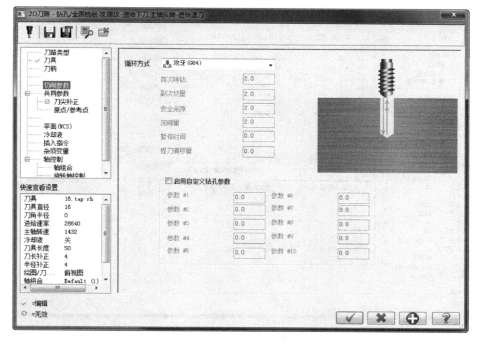

图 11-28　攻螺纹切削参数

4）无须设置传统钻孔参数。单击对话框中"确定"按钮，系统生成图 11-29 所示的钻孔刀路。

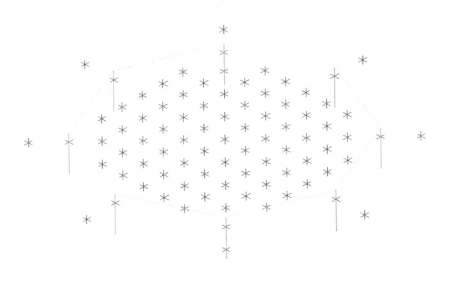

图 11-29　钻孔刀具路径

5）按 <Alt+O> 组合键，系统弹出图 11-9 所示的刀路操作管理对话框。在"刀路 6- 攻螺纹（G84）"的 刀路 图标上单击，出现路径模拟，模拟刀路，检查刀路有无问题。攻螺纹刀路如图 11-29 所示。

6）选择当前刀路，单击 ≈ 图标，使图标变成灰色，即关闭当前的刀路显示。然后关闭刀路操作管理对话框，按 <Ctrl+S> 键保存冷凝器固定板文件。

7）钻孔操作注意事项：

① 绝对深度是指孔底部 Z 方向的深度。

② 钻深孔时使用深孔啄钻和断屑式钻孔。深孔啄钻用于铁屑难排的工件，断屑式钻孔不退至安全高度，可节省时间，但排屑能力不及深孔啄钻。步进距离一般为 1.5D（D 为钻头直径）。

③ 攻螺纹时，主轴转速要与进给量配合，如果使用了可伸缩夹头，则要求可以放松点。

11.4.7　选取 φ12mm 镶 R0.8mm 方合金刀粒圆鼻刀，用外形铣削刀路精加工冷凝器固定板上 4 个 φ30mm 台阶孔

1）单击选项卡中的"刀路"→"2D 外形"，产生外形铣削刀路。

2）单击 按钮，选取图 11-1 中 4 个台阶孔的 φ30mm 的外形（注意串连的方向）。单击 按钮，进入图 11-30 所示的界面，选取合适的刀具及刀具参数。

3）单击外形铣削刀路对话框中"共同参数"及"切削参数"选项，参数设置如图 11-31 与图 11-32 所示。这里要注意的是：因为所绘的图是 2D 图，都在 Z0 平面上，所选的外形曲线在高度 Z0mm。"工件表面"设置为 0.0mm，"深度"设置为 -10.0mm。XYZ 方向的加工余量都为 0.0mm。

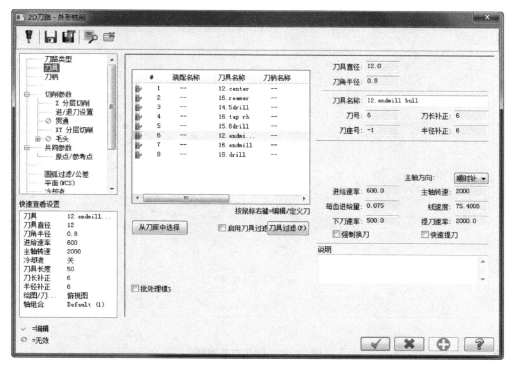

图 11-30　外形加工刀具参数

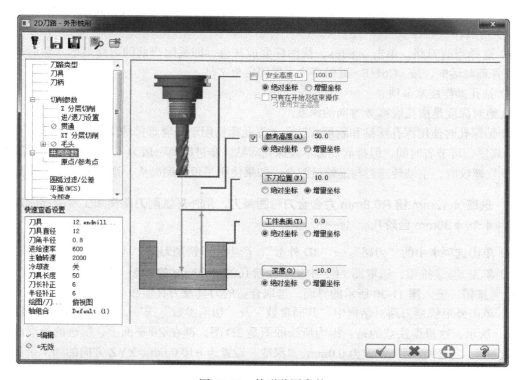

图 11-31　外形共同参数

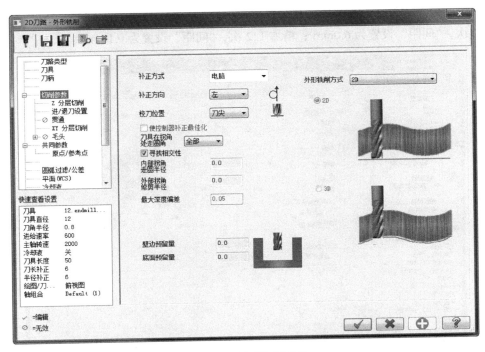

图 11-32　外形切削参数

4）单击"Z 分层切削"选项，进行切削深度的设置，如图 11-33 所示。"最大粗切步进量"设置为 0.3mm。

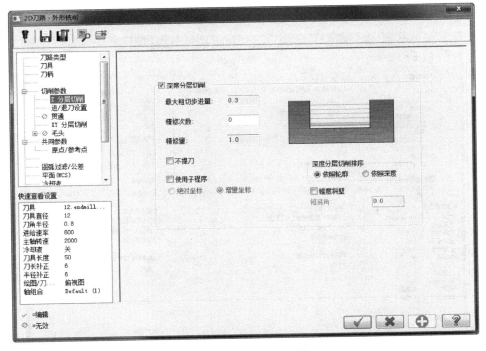

图 11-33　切削深度参数

5）单击"XY 分层切削"选项，设置外形多层铣削参数，如图 11-34 所示。要分 4 步铣削，粗加工 2 次，"间距"设置为 6.0mm；精加工 2 次，"间距"设置为 0.1mm。

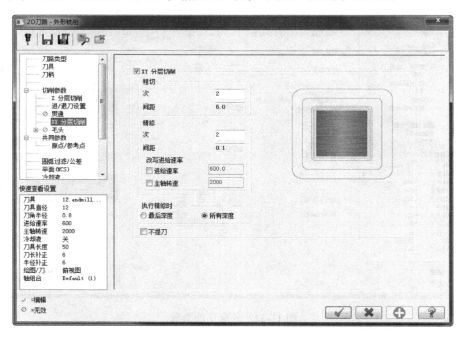

图 11-34　XY 分层切削参数

6）单击"进 / 退刀设置"选项，设置刀具进刀、退刀的路径参数，如图 11-35 所示。在 φ18mm 毛坯孔的中心偏置 6.0mm 处下刀，取消了进退刀直线设置，避免撞刀。

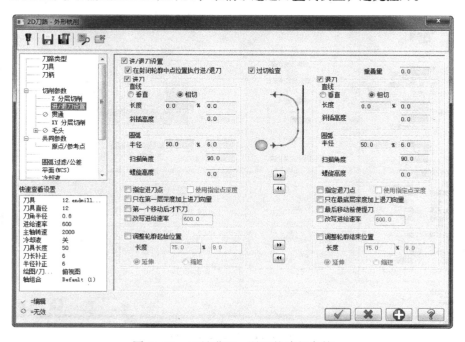

图 11-35　刀具进刀、退刀的路径参数

7）单击对话框中"确定"按钮，系统生成图 11-36 所示的外形铣削刀路。

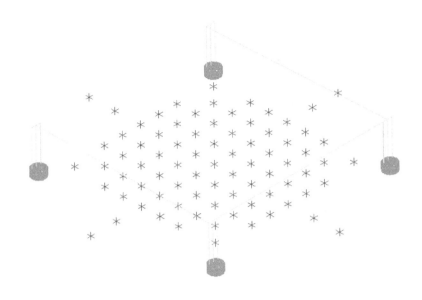

图 11-36　外形铣削刀路

8）按 <Alt+O> 组合键，系统弹出图 11-9 所示的刀路操作管理对话框。

9）在"刀路 7- 外形铣削 (2D)"的 ⎣☰刀路 图标上单击，出现路径模拟，模拟刀路，检查刀具铣削路径有无问题。刀路如图 11-36 所示。

10）选择当前刀路，单击 ≋ 图标，使图标变成灰色，即关闭当前的刀路显示。然后关闭刀路操作管理对话框，按 <Ctrl+S> 键保存冷凝器固定板文件。

11.4.8　选取 φ12mm 镶 R0.8mm 方合金刀粒圆鼻刀，用外形铣削刀路粗加工冷凝器固定板上 4 个导柱孔

1）单击选项卡中的"刀路"→"2D 外形"，产生外形铣削刀路。

2）单击 ⬡⬡⬡ 按钮，选取图 11-1 中的 4 个导柱孔的 φ30mm 的外形（注意串连的方向）。单击 ✔ 按钮，刀具及刀具参数设置同前。

3）单击外形铣削刀路方框中"共同参数"及"切削参数"选项，参数设置如图 11-37 与图 11-38 所示。"工件表面"设置为 0.0mm，"深度"设置为 −28.0mm。XY 方向的加工余量为 0.2mm，Z 方向的加工余量为 0.0mm。

4）单击"Z 分层切削"选项，进行切削深度的设置，如图 11-39 所示。"最大粗切步进量"设置为 0.3mm。

5）单击"XY 分层切削"选项，设置外形多层铣削参数，如图 11-40 所示。要分 4 步铣削，粗加工 2 次，"间距"设置为 6.0mm；精加工 2 次，"间距"设置为 0.1mm。

6）单击"进 / 退刀设置"选项，设置刀具进刀、退刀的路径参数，如图 11-41 所示。在 φ18mm 毛坯孔的中心偏置 6.0mm 处下刀，取消进刀直线设置，避免撞刀。

7）单击对话框中"确定"按钮，系统生成图 11-42 所示的外形铣削刀路。

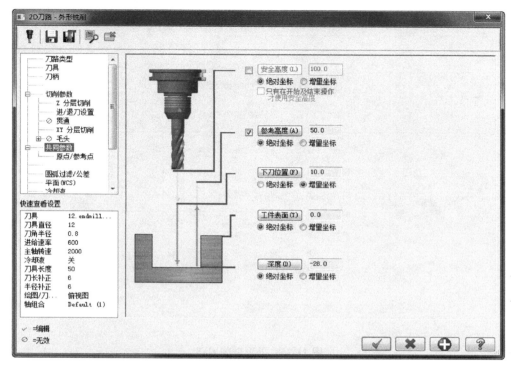

图 11-37　外形共同参数

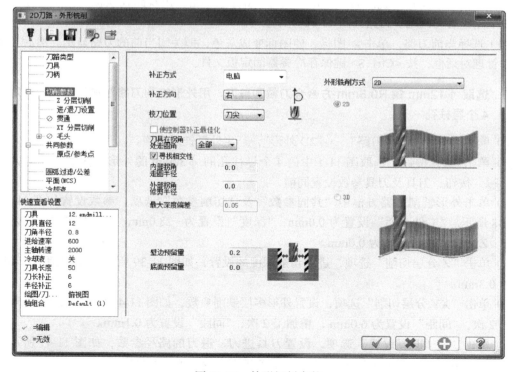

图 11-38　外形切削参数

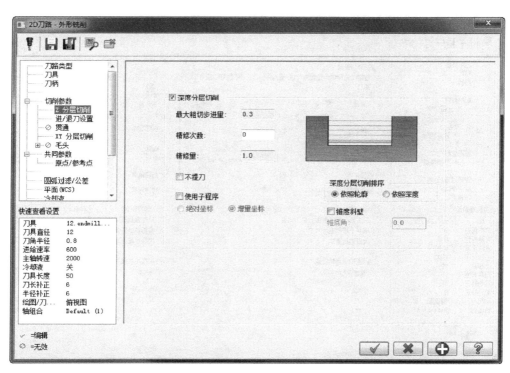

图 11-39 切削深度参数

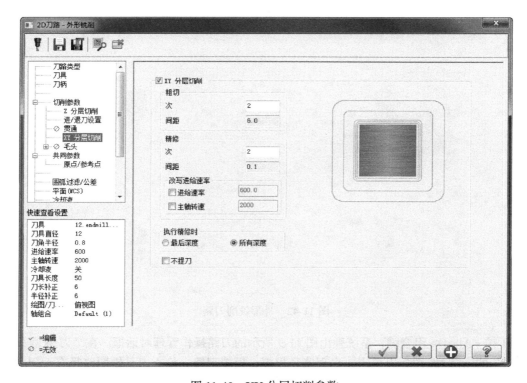

图 11-40 XY 分层切削参数

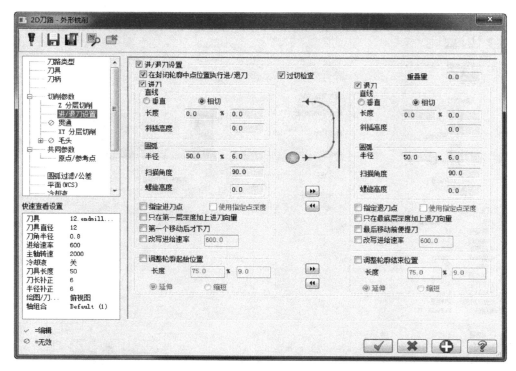

图 11-41　刀具进刀、退刀的路径参数

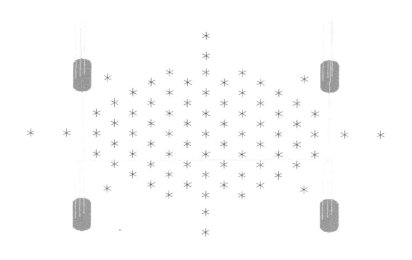

图 11-42　外形铣削刀路

8）按 <Alt+O> 组合键，系统弹出图 11-9 所示的刀路操作管理对话框。在"刀路 8- 外形铣削 (2D)"的 刀路 图标上单击，出现路径模拟，模拟刀路，检查刀具铣削路径有无问题。刀路如图 11-42 所示。

9）选择当前刀路，单击 ≋ 图标，使图标变成灰色，即关闭当前的刀路显示。然后关闭刀路操作管理对话框，按 <Ctrl+S> 键保存冷凝器固定板文件。

11.4.9　选取用 φ16mm 四刃平底刀，用 2D 外形斜线加工刀路精加工 4 个导柱孔

1）单击选项卡中的"刀路"→"2D 外形"，产生外形铣削刀路。

2）单击 ⬭⬭ 按钮，选取图 11-1 中的 4 个导柱孔的 φ30mm 的外形（注意串连的方向）。单击 ✔ 按钮，刀具及刀具参数设置同前。

3）单击外形铣削刀路对话框中"共同参数"及"切削参数"选项，参数设置如图 11-43 与图 11-44 所示。"工件表面"设置为 0.0mm，"深度"设置为 −28.0mm。XYZ 方向的加工余量都为 0.0mm。

4）因为前面已经用 2D 外形刀路半精加工了 φ30mm 的孔，还留有 0.2mm 的余量。这里采用斜坡铣削精加工来替代镗孔，无须设置切削深度和外形多层铣削参数。

5）单击"进 / 退刀设置"选项，设置刀具进刀、退刀的路径参数，如图 11-45 所示。

6）单击对话框中"确定"按钮，系统生成图 11-46 所示的外形铣削刀路。

7）按 <Alt+O> 组合键，系统弹出图 11-9 所示的刀路操作管理对话框。在"刀路 9- 外形铣削（斜插）"的 ▤ 刀路 图标上单击，出现路径模拟，模拟刀路，检查刀具铣削路径有无问题。刀路如图 11-46 所示。

8）选择当前刀路，单击 ≋ 图标，使图标变成灰色，即关闭当前的刀路显示。然后关闭刀路操作管理对话框，按 <Ctrl+S> 键保存冷凝器固定板文件。

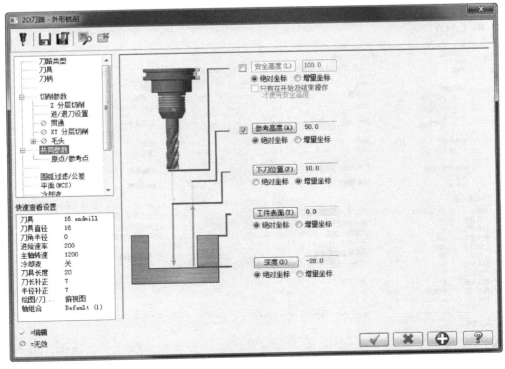

图 11-43　外形共同参数

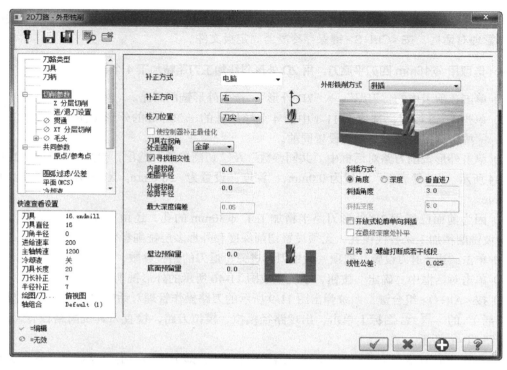

图 11-44　外形切削参数

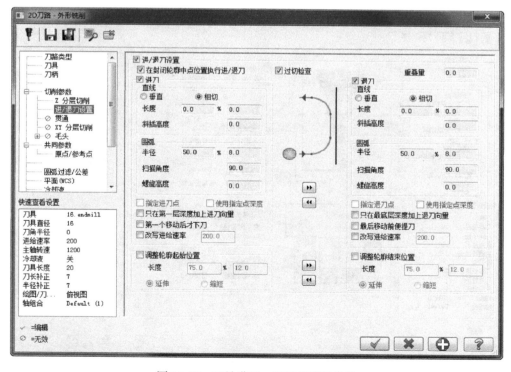

图 11-45　刀具进刀、退刀的路径参数

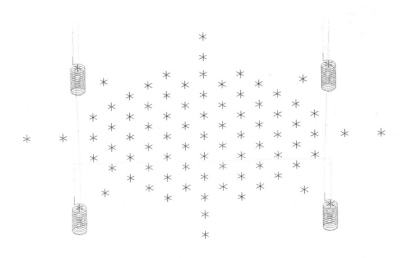

图 11-46 外形铣削刀路

第12章

烟灰缸的加工

12.1 零件结构分析

工艺品烟灰缸的 3D 实体图如图 12-1 所示，零件外形尺寸为 ϕ55mm×32mm。材料为铝材，具体尺寸见网上电子资源包。该零件表面质量要求高，不能有明显的刀痕，数量要求生产10件。零件型腔的底部最小圆弧半径为 R4mm，零件曲面虽然较复杂，但绘图和加工并不困难。根据本厂的设备条件，制订了如下的加工工艺：

1）用锯床锯出铝料毛坯外形至尺寸 ϕ60mm×40.0mm。在普通铣床上加工出深度为5.0mm 的装夹平台。

2）用 3D 曲面加工刀路加工烟灰缸中间及上部的的曲面。

3）用 2D 外形加工刀路加工烟灰缸外形。

4）将加工好的烟灰缸在普通铣床上装夹，铣掉装夹部分。

图 12-1　烟灰缸的 3D 实体图

12.2 刀路规划

1）选取 ϕ16mm 四刃平底刀，用 2D 外形刀路对零件的外形进行粗加工。加工余量为0.3mm。

2）选取 φ16mm 四刃平底刀，用 3D 挖槽刀路对烟灰缸中间型腔进行粗加工。加工余量为 0.3mm。

3）因为 φ16mm 的刀具太大，烟灰缸放烟的三个小缺口无法加工到，这里选取 φ4mm 四刃平底刀，用 3D 挖槽刀路对一个小缺口进行粗加工。

4）用变换刀具路径的功能对第 3 个刀路绕原点进行旋转操作，粗加工烟灰缸的另两个小缺口。

5）由于烟灰缸的外壁与底平面垂直，换取新的 φ16mm 四刃平底刀，用 2D 外形刀路对零件的外形进行精加工。加工余量为 0.0mm。

6）前面粗加工在烟灰缸中间型腔的底面留下了 0.3mm 的余量，这里选取 φ16mm 四刃平底刀，用 2D 挖槽刀路对底面进行精加工，加工余量为 0.0mm。把加工深度设置得很小，挖槽刀路就只在一个平面上产生切削刀路，这种方法常常用来进行平面的精加工。

7）选取 R3mm 球头刀，用曲面精加工平行铣刀路精加工烟灰缸放烟的一个小缺口。加工余量为 0.0mm。

8）用变换刀路的功能对第 7 个刀路绕原点进行旋转操作，精加工烟灰缸的另两个小缺口。

9）选取 R3mm 球头刀，用放射状曲面精加工刀路进行曲面的精加工，加工余量为 0.0mm。

10）选取 φ0.3mm 的雕刻尖刀，用 2D 挖槽刀路在烟灰缸型腔的底部雕刻加工"北京申奥"文字。

11）选取 φ0.3mm 的雕刻尖刀，用 2D 外形刀路在烟灰缸型腔的底部雕刻加工"北京申奥"图案。

12.3 图形准备

零件曲面虽然看似较为复杂，但运用 CAD 软件绘制并不难。零件型腔的底部最小圆弧半径为 R4mm。用实体功能绘制了 3D 实体图，并绘制了所需的 2D 曲线。绘图进行了分层管理，分为 6 个层，第 1 层（curve）绘制了 2D 曲线骨架，第 2 层（Dim）标注零件的尺寸参数，第 3 层（surface）绘制了零件 3D 曲面，第 5 层（curveforcut）绘制了编制刀路时要使用的曲线及刀具边界，第 12 层绘制了零件的 3D 实体，第 15 层绘制了在零件型腔底部要雕刻的图案。层管理图如图 12-2 所示。切削曲线及边界图如图 12-3 所示。坐标原点放在工件毛坯底部 XY 的中心处，顶面 Z 方向尺寸为 32.0mm。

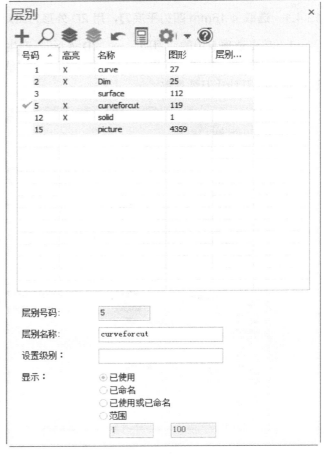

图 12-2 层管理图

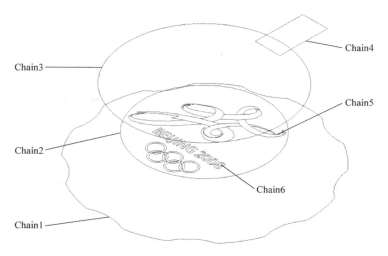

图 12-3　切削曲线及边界图

12.4　刀路参数设置

12.4.1　选取 φ16mm 四刃平底刀，用 2D 外形刀路对零件的外形进行粗加工

1）单击选项卡中的"刀路"→"2D 外形"，产生外形铣削刀具路径。

2）单击 按钮，选取图 12-3 中的 Chain1。单击 按钮，进入图 12-4 所示对话框，选取合适的刀具及刀具参数。

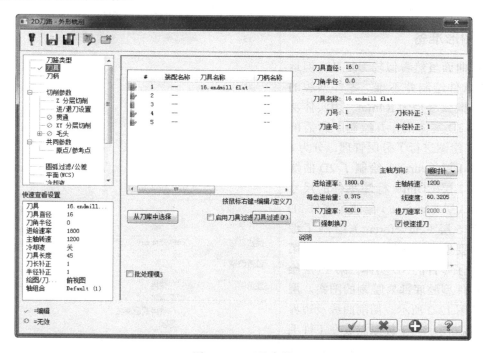

图 12-4　刀具参数

3）单击外形铣削刀路对话框中"共同参数"及"切削参数"选项，参数设置如图 12-5 与图 12-6 所示。XY 方向的加工余量为 0.3mm，Z 方向的加工余量为 0.0mm，Chain1 曲线在 Z-5.0mm 的平面上，这里采用绝对尺寸。"工件表面"设置为 33.0mm，"深度"设置为 −5.0mm。

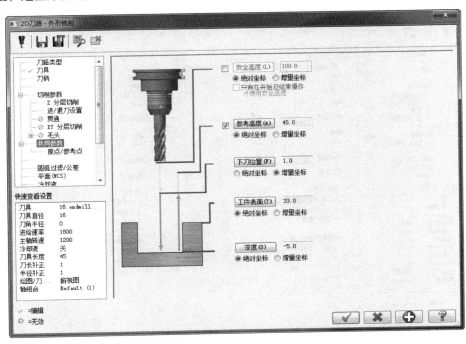

图 12-5　外形铣削共同参数

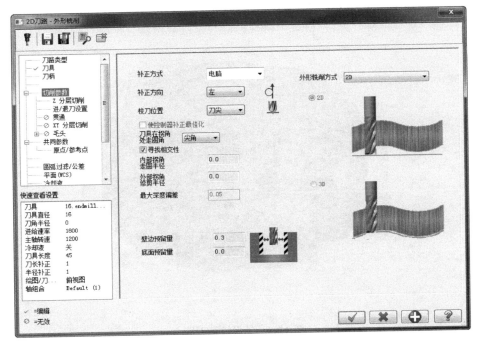

图 12-6　外形铣削切削参数

4）单击"Z 分层切削"选项，进行切削深度的设置，"最大粗切步进量"设置为 1.0mm。因工件材质较软，这里不必进行多层切削设置。

5）单击"进 / 退刀设置"选项，设置刀具进刀、退刀的路径参数，如图 12-7 所示。

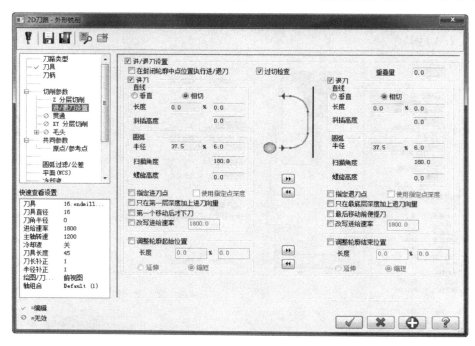

图 12-7　刀具进刀、退刀的路径参数

6）单击对话框中"确定"按钮，系统生成图 12-8 所示的外形铣削刀路。

图 12-8　外形铣削刀路

7）按 <Alt+O> 组合键，系统弹出图 12-9 所示的刀路操作管理对话框。

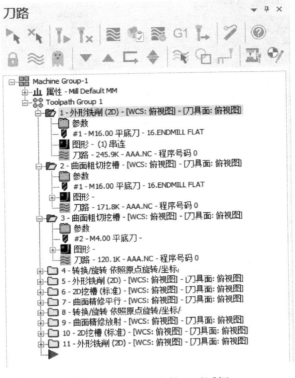

图 12-9 刀路操作管理对话框

8）在"刀路 1- 外形铣削 (2D)"的 ≋刀路 图标上单击，出现路径模拟，模拟刀路，检查刀具铣削路径有无问题。刀路如图 12-8 所示。

9）选择当前刀路，单击 ≋ 图标，使图标变成灰色，即关闭当前的刀路显示。然后关闭刀路操作管理对话框，按 <Ctrl+S> 键保存烟灰缸文件。

12.4.2 选取 φ16mm 四刃平底刀，用 3D 挖槽刀路对烟灰缸中间型腔进行粗加工

1）单击选项卡中的"刀路"→"3D 粗切挖槽"，产生曲面挖槽刀路。

2）选取加工曲面：框选所有曲面按 <Enter> 键确认，在弹出的界面中再单击"确定"按钮。刀具及刀具参数设置同前一工序。

3）单击"曲面精切挖槽"对话框中"曲面参数"选项卡，曲面参数设置如图 12-10 所示。加工余量为 0.3mm。

4）单击"曲面精切挖槽"对话框中"曲面参数"选项卡，粗加工参数设置如图 12-11 所示，Z 方向每次最大下刀步距设置为 0.5mm。由于铝合金材料较软，每刀可以下深点。

5）在"螺旋 / 斜插下刀设置"对话框中单击"螺旋进刀"选项卡，设置螺旋进刀参数，如图 12-12 所示。

6）单击"切削深度"按钮，设置切削深度。采用绝对坐标，"最高位置"设置为 32.7mm，"最低位置"设置为 10.3mm，如图 12-13 所示。

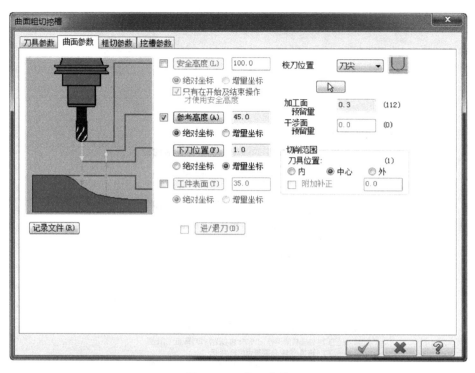

图 12-10　曲面参数

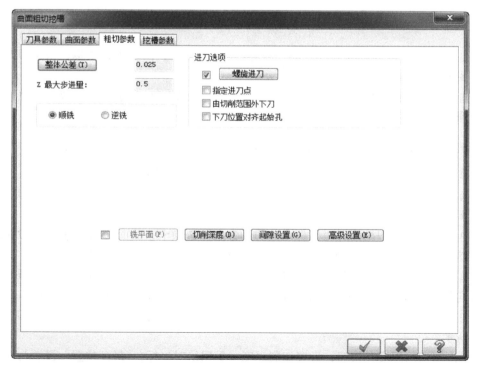

图 12-11　曲面粗加工参数

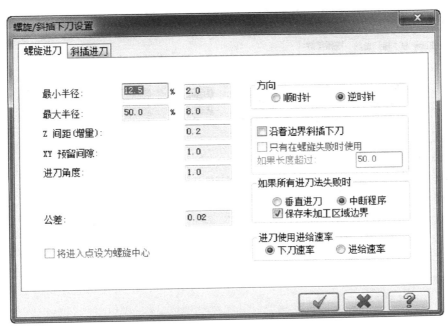

图 12-12　刀具螺旋进刀参数

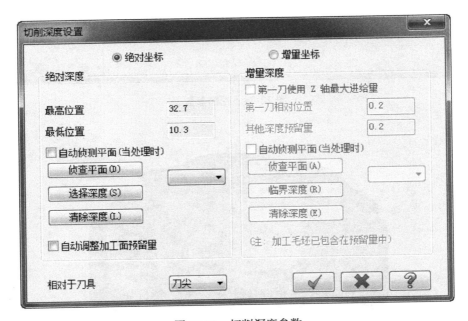

图 12-13　切削深度参数

7）单击"曲面粗切挖槽"对话框中"挖槽参数"选项卡，挖槽参数设置如图 12-14 所示。切削方式选择"平行环切方式"。

8）单击对话框中"确定"按钮，系统提示选择刀路范围限定框，选择图 12-3 中的 Chain3，单击 ✔ 按钮，系统生成图 12-15 所示的曲面挖槽刀路。

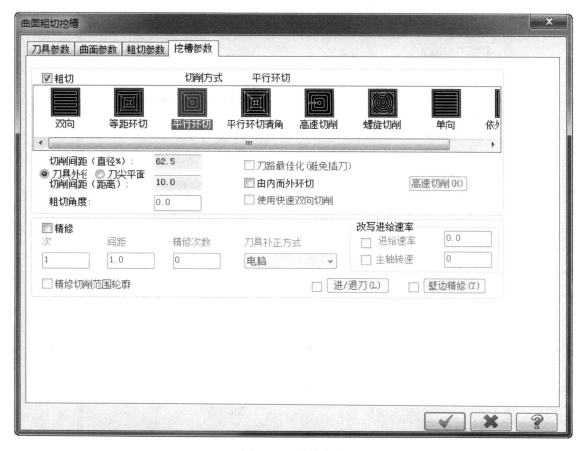

图 12-14　挖槽参数

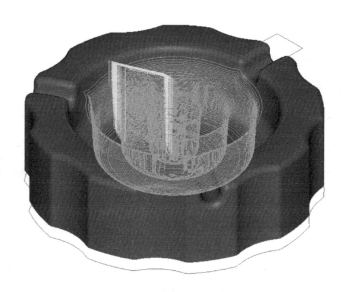

图 12-15　曲面挖槽刀具路径

9）按 <Alt+O> 组合键，系统弹出图 12-9 所示的刀路操作管理对话框。在"刀路 2- 曲面粗切挖槽"的 刀路 图标上单击，出现路径模拟，模拟刀路，检查刀具铣削路径有无问题。刀路如图 12-15 所示。

10）选择当前刀路，单击 ≈ 图标，使图标变成灰色，即关闭当前的刀路显示。然后关闭刀路操作管理对话框，按 <Ctrl+S> 键保存烟灰缸文件。

12.4.3　选取 φ4mm 四刃平底刀，用 3D 挖槽刀路对烟灰缸放烟的一个小缺口进行粗加工

1）单击选项卡中的"刀路"→"3D 粗切挖槽"，产生曲面挖槽刀路。

2）选取加工曲面：框选所有曲面按 <Enter> 键确认，在弹出的界面中再单击"确定"按钮。进入图 12-16 所示对话框，选取合适的刀具及刀具参数。

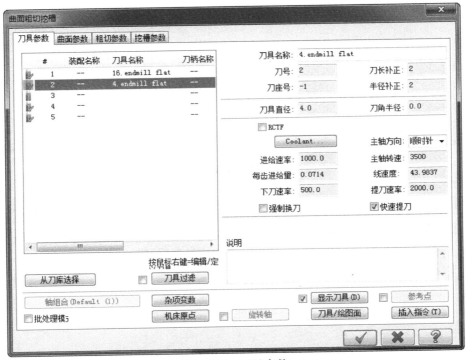

图 12-16　刀具参数

3）单击"曲面粗切挖槽"对话框中"曲面参数"选项卡，曲面参数设置如图 12-17 所示。加工面预留量设置为 0.3mm。

4）再单击"粗切参数"选项卡，粗加工参数设置如图 12-18 所示。"Z 最大步进量"设置为 0.3mm。

5）在"进刀选项"对话框中单击"螺旋进刀"选项卡，设置螺旋下刀参数，具体参数设置参考上一工序。

6）单击"切削深度"按钮，设置切削深度。采用绝对坐标，"最高位置"设置为 33.0mm，"最低位置"设置为 23.0mm。

7）单击"曲面粗切挖槽"对话框中"挖槽参数"选项卡，挖槽参数设置如图 12-19 所示。切削方式选择"平行环切"方式。

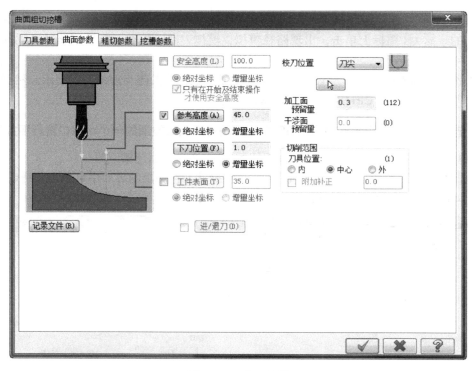

图 12-17　曲面参数

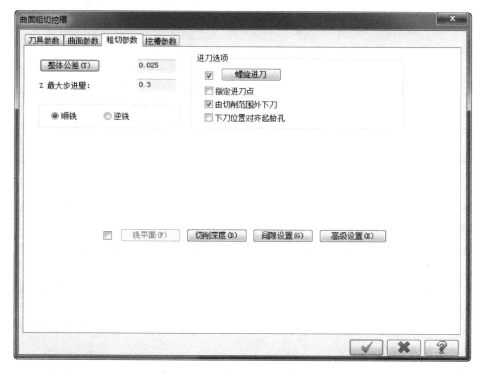

图 12-18　曲面粗加工参数

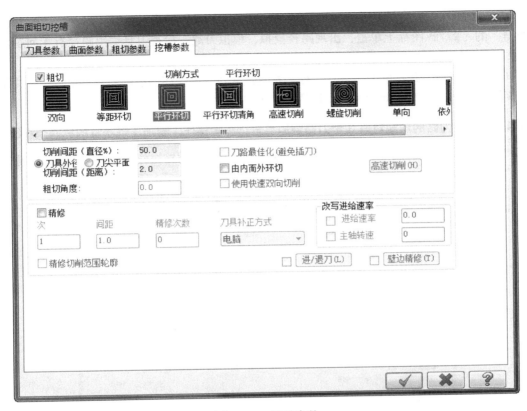

图 12-19　挖槽参数

8）单击对话框中"确定"按钮，系统提示选择刀路范围限定框，选择图 12-3 中的 Chain4，单击 按钮，系统生成图 12-20 所示的曲面挖槽刀路。

图 12-20　曲面挖槽刀具路径

9）按 <Alt+O> 组合键，系统弹出图 12-9 所示的刀路操作管理对话框。在"刀路 3- 曲面粗切挖槽"的 刀路 图标上单击，出现路径模拟，模拟刀路，检查刀具铣削路径有无问题。刀路如图 12-20 所示。

10）选择当前刀路，单击 ≈ 图标，使图标变成灰色，即关闭当前的刀路显示。然后关闭刀路操作管理对话框，按 <Ctrl+S> 键保存烟灰缸文件。

12.4.4 用变换刀路的功能对第 3 个刀路绕原点进行旋转操作，粗加工烟灰缸的另两个小缺口

1）单击"刀路"→"常用工具"→"刀路变换"，或在刀路操作管理对话框右键快捷菜单选择"刀路变换"，弹出"转换操作参数设置"对话框，如图 12-21 所示。

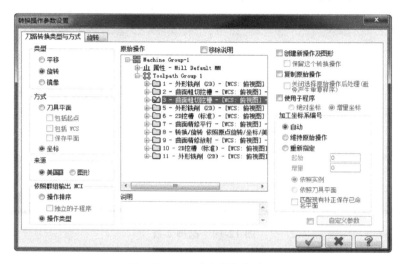

图 12-21　刀路变换操作参数

2）在"类型"栏中，选取"旋转"；然后单击"旋转"选项卡，选取对原点旋转，旋转的次数为 2，开始角度设置为 120.0°，旋转角度设置为 120.0°，如图 12-22 所示。

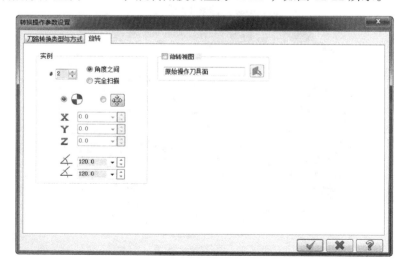

图 12-22　旋转操作参数

3）单击"确定"按钮，即可得到旋转后的刀路，如图 12-23 所示。

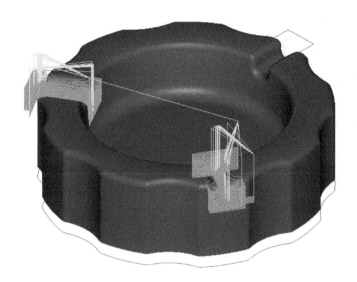

图 12-23　旋转后的刀具路径

4）按 <Alt+O> 组合键，系统弹出图 12-9 所示的刀路操作管理对话框。在"刀路 4- 转换 /
旋转　依照原点旋转"的 刀路 图标上单击，出现路径模拟，模拟刀路，检查刀具铣削路径
有无问题。刀路如图 12-23 所示。

5）选择当前刀路，单击 ≈ 图标，使图标变成灰色，即关闭当前的刀路显示。关闭刀路操
作管理对话框，按 <Ctrl+S> 键保存烟灰缸文件。

12.4.5　换取新的 φ16mm 四刃平底刀，用 2D 外形刀路对零件的外形进行精加工

1）单击选项卡中的"刀路"→"2D 外形"，产生外形铣削刀具路径。

2）单击 按钮，选取图 12-3 中的 Chain1，单击 按钮，刀具及刀具参数同前设置。

3）单击外形铣削刀路对话框中"共同参数"→"切削参数"选项，参数设置如图 12-24 与
图 12-25 所示。XYZ 方向的加工余量都为 0.0mm。由于烟灰缸的外壁与底平面是垂直的，这里
不进行切削深度的设置，可消除接刀痕迹，使产品外形美观。

4）单击"XY 分层切削"选项，设置外形多层铣削参数，如图 12-26 所示。这里分 3 步进
行外形铣削加工，粗加工"间距"设置为 0.15mm，精加工"间距"设置为 0.05mm。

5）单击"进 / 退刀设置"选项，设置刀具进刀、退刀的路径参数，具体参数设置参考前一
工序。

6）单击对话框中"确定"按钮，系统生成图 12-27 所示的外形铣削刀路。

7）按 <Alt+O> 组合键，系统弹出图 12-9 所示的刀路操作管理对话框。在"刀路 5- 外形铣
削 (2D)"的 刀路 图标上单击，出现路径模拟，模拟刀路，检查刀具铣削路径有无问题。刀
路如图 12-27 所示。

8）选择当前刀路，单击 ≈ 图标，即关闭当前的刀路显示。然后关闭刀路操作管理对话框，
按 <Ctrl+S> 键保存烟灰缸文件。

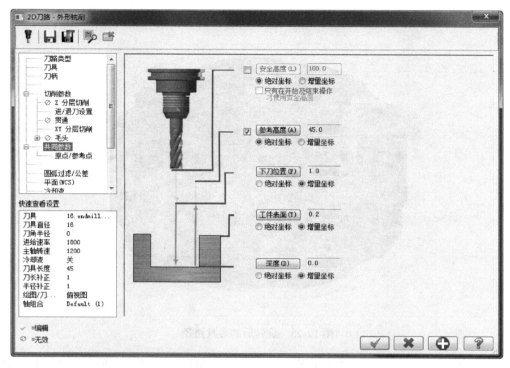

图 12-24　外形铣削共同参数

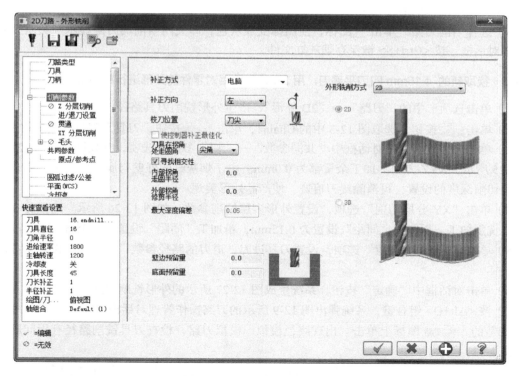

图 12-25　外形铣削切削参数

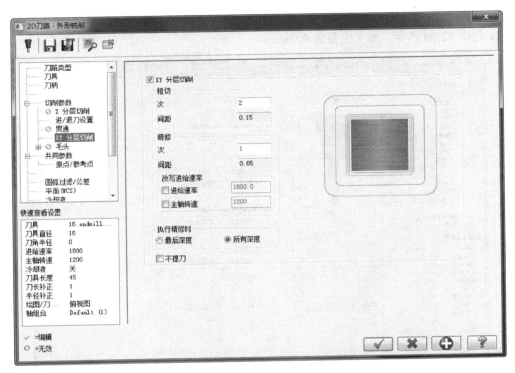

图 12-26　多层铣削参数

图 12-27　外形铣削刀路

12.4.6　选取 φ16mm 四刃平底刀，用 2D 挖槽刀路对烟灰缸中间型腔的底面进行精加工

1）单击选项卡中的"刀路"→"2D 挖槽"，产生 2D 挖槽刀路。

2）单击 按钮，选取图 12-3 中的 Chain2，单击 按钮，刀具及刀具参数的设置同前一工序。

数控铣削加工案例详解

3）单击曲面挖槽刀路对话框中"共同参数"及"切削参数"选项，曲面参数设置如图 12-28 与图 12-29 所示。加工余量为 0.0mm。

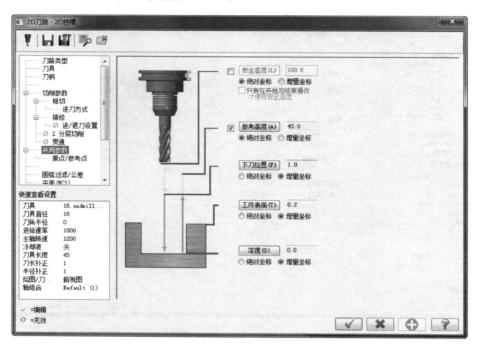

图 12-28　挖槽共同参数

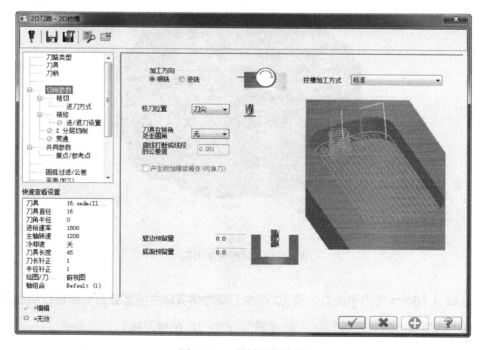

图 12-29　挖槽切削参数

4）单击"粗切"及"精修"选项，粗、精加工参数设置如图 12-30 与图 12-31 所示，切削方式选择"平行环切"。

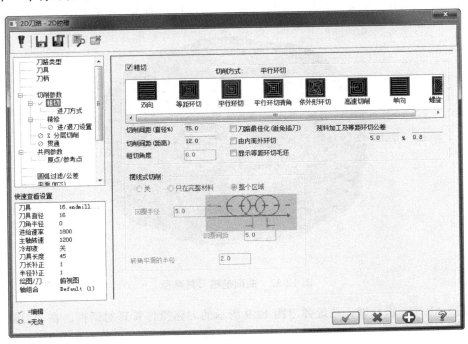

图 12-30 粗加工参数

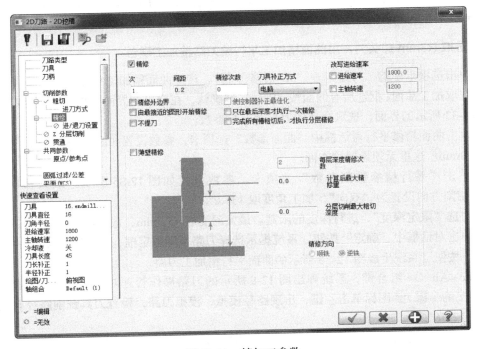

图 12-31 精加工参数

5）单击"进刀方式"选项，设置螺旋下刀参数，具体参数设置参考前面工序。由于切削深度只有 0.2mm，一刀即可切削，无须进行切削深度的设置。

6）单击对话框中"确定"按钮，系统生成图 12-32 所示的曲面挖槽刀路。

图 12-32　曲面挖槽刀具路径

7）按 <Alt+O> 组合键，系统弹出图 12-9 所示的刀路操作管理对话框。在"刀路 6-2D 挖槽（标准）"的 ⌐≋刀路 图标单击左键，出现路径模拟，模拟刀路，检查刀具铣削路径有无问题。刀路如图 12-32 所示。

8）选择当前刀路，单击 ≋ 图标，使图标变成灰色，即关闭当前的刀路显示。然后关闭刀路操作管理对话框，按 <Ctrl+S> 键保存烟灰缸文件。

12.4.7　选取 R3mm 球头刀，用曲面精加工平行铣刀路精加工砚台

1）单击选项卡中的"刀路"→"3D 精修 平行"，产生曲面精加工平行铣刀路。

2）选取加工曲面：框选所有曲面按 <Enter> 键确认，在弹出的界面中再单击"确定"按钮，进入图 12-33 所示的界面，选取合适的刀具及刀具参数。

3）单击曲面精修平行对话框中"曲面参数"选项卡，参数设置如图 12-34 所示。加工面预留量为 0.0mm。这里无须设置检查面。

4）单击"平行精修铣削参数"选项卡，参数设置如图 12-35 所示。最大切削间距取0.1mm，切削方向设置为"双向"，加工角度取 135.0°。

5）勾选"限定深度"，进行深度的限制。最大深度取 35.5mm，最小深度取 24.0mm。

6）单击对话框中"确定"按钮，系统提示选择刀路范围限定框，选择图 12-3 中的 Chain4，单击 ✓ 按钮，系统生成图 12-36 所示的曲面平行精加工刀路。

7）按 <Alt+O> 组合键，系统弹出图 12-9 所示的刀路操作管理对话框。在"刀路 7- 曲面精修平行"的 ⌐≋刀路 图标单击左键，出现路径模拟，模拟刀路，检查刀具铣削路径有无问题。刀路如图 12-36 所示。

8）选择当前刀路，单击 ≋ 图标，使图标变成灰色，即关闭当前的刀路显示。然后关闭刀路操作管理对话框。按 <Ctrl+S> 键保存烟灰缸文件。

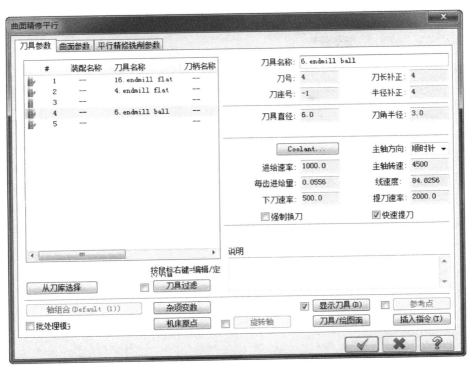

图 12-33　刀具参数

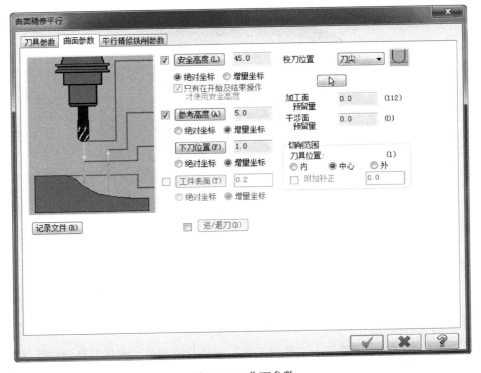

图 12-34　曲面参数

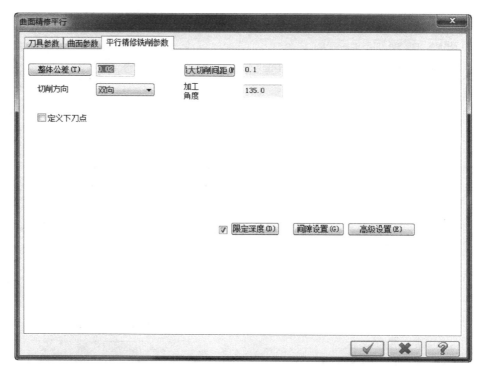

图 12-35　曲面平行精修铣削参数

图 12-36　曲面平行精加工刀具路径

12.4.8　用变换刀路的功能对第 7 个刀路绕原点进行旋转操作，精加工烟灰缸的另两个小缺口

1）单击选项卡中的"刀路"→"常用工具"→"刀路变换"或在刀路操作管理对话框中右键快捷菜单中选取），弹出"转换操作参数设置"对话框，如图 12-37 所示。

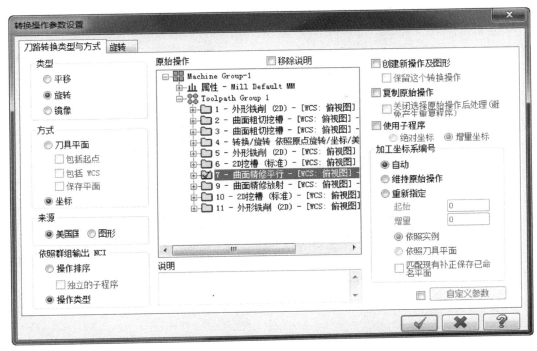

图 12-37 变换刀路操作参数

2）在"类型"栏中，选取"旋转"；然后单击"旋转"选项卡，选取对原点旋转，旋转的次数为 2，开始角度设置为 120.0°，旋转角度设置为 120.0°。如图 12-38 所示。

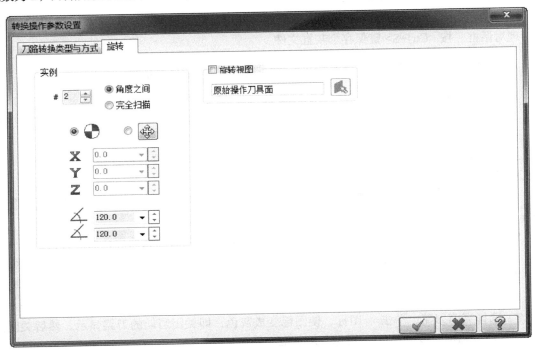

图 12-38 旋转操作参数

3）单击"确定"按钮，即可的到旋转后的刀路，如图 12-39 所示。

图 12-39　旋转后的刀路

4）按 <Alt+O> 组合键，系统弹出图 12-9 所示的刀路操作管理对话框。在"刀路 8- 转换 / 旋转　依照原点旋转"的 刀路 图标单击左键，出现路径模拟，模拟刀路，检查刀具铣削路径有无问题。刀路如图 12-39 所示。

5）选择当前刀路，单击 ≋ 图标，使图标变成灰色，即关闭当前的刀路显示。关闭刀路操作管理对话框。按 <Ctrl+S> 键保存烟灰缸文件。

12.4.9　选取 R3mm 球头刀，用放射状曲面精加工刀路进行曲面的精加工

1）单击选项卡中的"刀路"→"3D 精修 放射"，产生放射状精加工刀路。

2）选取加工曲面：框选所有曲面按 <Enter> 键确认，在弹出的界面中再单击"确定"按钮，进入图 12-40 所示的界面，选取合适的刀具及刀具参数。

3）单击曲面精修放射状对话框中"曲面参数"选项卡，曲面参数设置如图 12-41 所示。加工面预留余量为 0.0mm。

4）单击"放射精修参数"选项卡，参数设置如图 12-42 所示。Z 方向每次最大下刀步距取 0.25mm，切削方向设置为"双向"，最大的角度增量设置为 0.2mm。

5）单击对话框中"确定"按钮，系统生成图 12-43 所示的放射状曲面精加工刀路。

6）按 <Alt+O> 组合键，系统弹出如图 11-8 所示的刀路操作管理对话框。在"刀路 9- 曲面精修放射"的 刀路 图标上单击，出现路径模拟，模拟刀路，检查刀具铣削路径有无问题。刀路如图 12-43 所示。

7）选择当前刀路，单击 ≋ 图标，使图标变成灰色，即关闭当前的刀路显示。然后关闭刀路操作管理对话框，按 <Ctrl+S> 键保存烟灰缸文件。

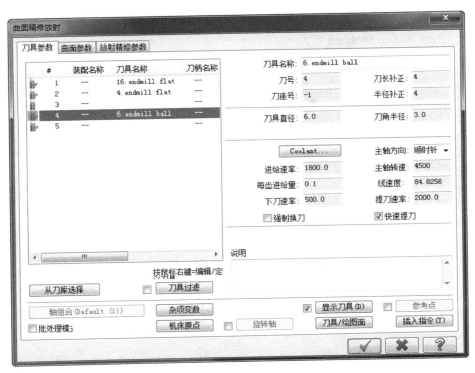

图 12-40　刀具参数

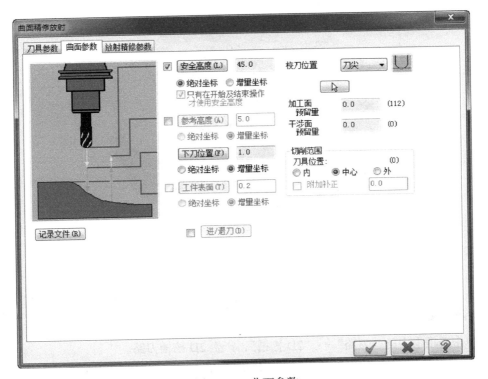

图 12-41　曲面参数

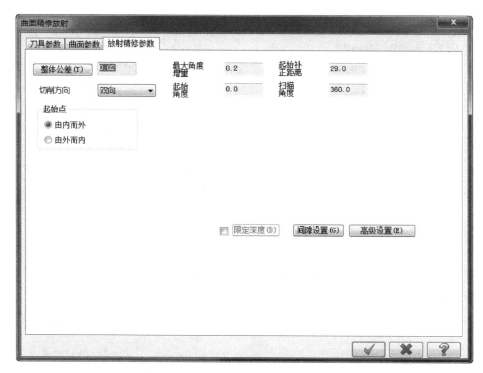

图 12-42　放射状曲面精加工参数

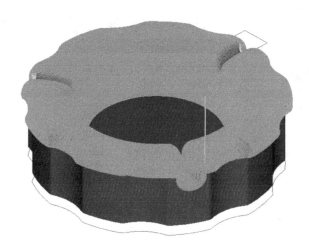

图 12-43　放射状曲面精加工刀路

12.4.10　选取 Φ0.3mm 的雕刻尖刀，用 2D 挖槽刀路在烟灰缸型腔的底部雕刻加工"北京申奥"文字

1）单击选项卡中的"刀路"→"2D 挖槽"，产生 2D 挖槽刀路。

2）单击 按钮，选取图 12-3 中的 Chain6，单击 按钮，刀具及刀具参数设置如图 12-44 所示。因为刀具很小，所以转速高达 5000r/min。

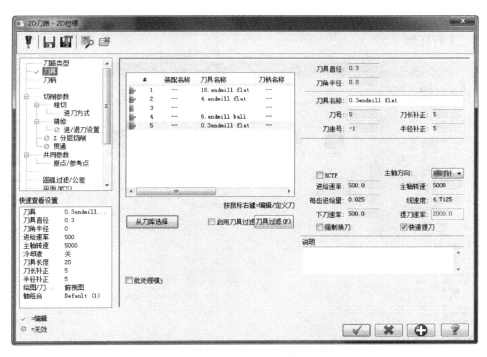

图 12-44　刀具参数

3）单击曲面挖槽刀路对话框中"共同参数"及"切削参数"选项，曲面参数设置如图 12-45 所示。Chain5 曲线在 Z9.85mm 的平面上，烟灰缸型腔的底部在 Z10.0mm 平面上。

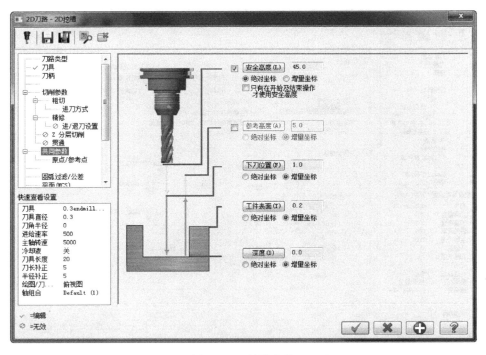

图 12-45　挖槽参数

4）单击"粗切"及"精修"选项，粗、精加工参数设置如图 12-46 与图 12-47 所示。切削方式选择"平行环切"。

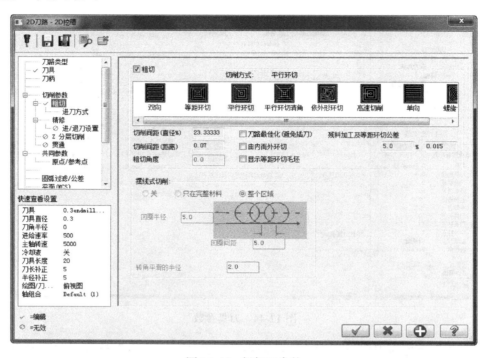

图 12-46　粗加工参数

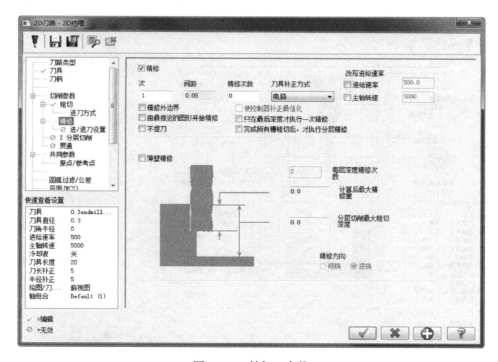

图 12-47　精加工参数

5）尖刀无须设置螺旋下刀参数。由于切削深度只有 0.2mm，一刀即可切削，无须进行切削深度的设置。

6）单击对话框中"确定"按钮，系统生成图 12-48 所示的曲面挖槽刀路。

图 12-48　曲面挖槽刀路

7）按 <Alt+O> 组合键，系统弹出图 12-9 所示的刀路操作管理对话框。在"刀路 10-2D 挖槽（标准）"的 ┗▓刀路 图标上单击，出现路径模拟，模拟刀路，检查刀具铣削路径有无问题。刀路如图 12-48 所示。

8）选择当前刀路，单击 ≈ 图标，使图标变成灰色，即关闭当前的刀路显示。然后关闭刀路操作管理对话框，按 <Ctrl+S> 键保存烟灰缸文件。

12.4.11　选取 φ0.3mm 的雕刻尖刀，用 2D 外形刀路在烟灰缸型腔的底部雕刻加工"北京申奥"图案

1）单击选项卡中的"刀路"→"2D 外形"，产生外形铣削刀路。

2）单击 ⚙️ 按钮，选取图 12-3 中的 Chain5，单击 ✔️ 按钮，刀具及刀具参数设置同上一工序。

3）单击外形铣削刀路对话框中"共同参数"及"切削参数"选项，参数设置如图 12-49 所示。Chain5 曲线在 Z9.85mm 的平面上，烟灰缸型腔的底部在 Z10.0mm 平面上。

4）这里无须进行切削深度、多层切削及刀具进、退刀的路径参数的设置。

5）单击对话框中"确定"按钮，系统生成图 12-50 所示的外形铣削刀路。

6）按 <Alt+O> 组合键，系统弹出图 12-9 所示的刀路操作管理对话框。在"刀路 11- 外形铣削 (2D)"的 ┗▓刀路 图标上单击，出现路径模拟，模拟刀路，检查刀具铣削路径有无问题。刀路如图 12-50 所示。

7）选择当前刀路，单击 ≈ 图标，使图标变成灰色，即关闭当前的刀路显示。然后关闭刀路操作管理对话框，按 <Ctrl+S> 键保存烟灰缸文件。

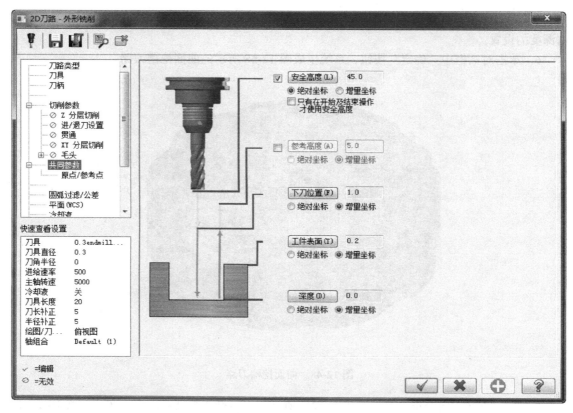

图 12-49　外形参数

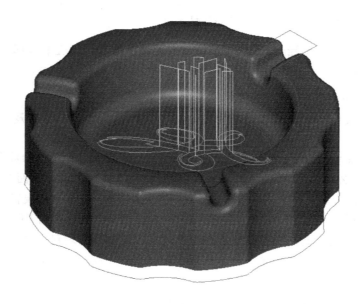

图 12-50　外形铣削刀路

8）在刀路操作管理器中选择所有要模拟刀路，然后单击 图标，进行实体加工模拟，在系统弹出的对话框中单击 按钮，加工模拟效果如图 12-51 所示。

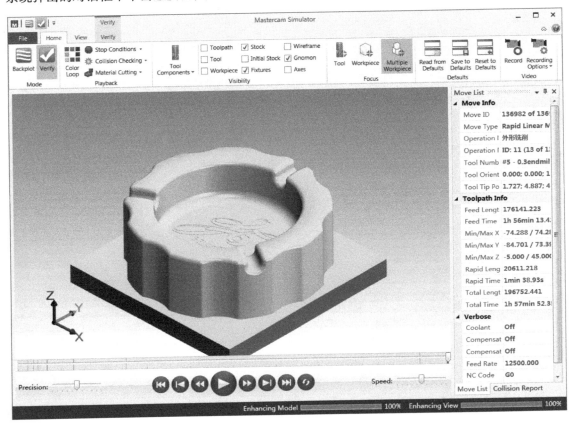

图 12-51　实体加工模拟效果